计算机应用基础

主　　编　徐正芹　李艾静　陈　娟
副 主 编　初晓婧　杨晓琴　王　萌
参　　编　赵文栋　彭来献　刘宁松

东南大学出版社
SOUTHEAST UNIVERSITY PRESS
·南京·

内 容 简 介

本书是一部全面介绍计算机信息技术基础和应用的教材,包括计算机基础知识、Windows 操作系统、Word 2010、Excel 2010、PowerPoint 2010、图像处理、计算机网络基础、计算机安全等知识。本书条理清晰,表述简洁明了,从操作系统到办公软件,使读者能够了解计算机基础多个方面的内容。

本书可作为高等院校大学计算机基础课程的上机实验教材,也可作为普通读者普及计算机实践操作技能的学习书籍,还可作为全国计算机等级考试一级或二级相关科目的辅导教材。

图书在版编目(CIP)数据

计算机应用基础/徐正芹,李艾静,陈娟主编.—南京:东南大学出版社,2020.9
 ISBN 978-7-5641-9122-1

Ⅰ.①计… Ⅱ.①徐… ②李… ③陈… Ⅲ.①电子计算机—高等学校—教材 Ⅳ.①TP3

中国版本图书馆 CIP 数据核字(2020)第 181117 号

计算机应用基础
Jisuanji Yingyong Jichu

主　　编	徐正芹　李艾静　陈　娟
出版发行	东南大学出版社
出 版 人	江建中
社　　址	南京市四牌楼 2 号(邮编:210096)
网　　址	http://www.seupress.com
责任编辑	姜晓乐(joy_supe@126.com)
经　　销	全国各地新华书店
印　　刷	江苏凤凰数码印务有限公司
开　　本	787 mm×1092 mm　1/16
印　　张	16.75
字　　数	425 千字
版　　次	2020 年 9 月第 1 版
印　　次	2020 年 9 月第 1 次印刷
书　　号	ISBN 978-7-5641-9122-1
定　　价	59.00 元

本社图书若有印装质量问题,请直接与营销部联系。电话(传真):025-83791830

前 言

随着计算机的普及和计算机科学技术的迅猛发展,计算机已经成为人们日常工作和生活中不可或缺的工具,掌握计算机应用基础,提高计算机的使用能力成为高等院校培养人才的基本要求之一。对高等院校非计算机专业学生而言,计算机基础教育的重点是培养学生善于应用、自主学习和创新的能力。

本书从促进学生在实际生活中灵活运用计算机技术的角度出发,将计算机技术与最新的应用相结合,将计算机的办公软件应用、多媒体、网络、安全等技术融合在一起,使学生了解计算机及网络的发展,培养其综合应用能力,进而提高工作效率,提升他们的综合素质。

为方便学生系统掌握计算机基础及应用方法,本书科学合理地分为 8 章。第 1 章介绍计算机的发展历程,对其信息的表示及存储方法做了简要说明。第 2 章基于 Windows 10 对操作系统进行介绍,包括基本操作、文件及文件夹的管理、系统环境设置、维护及常用基本工具。第 3、4、5 章分别对 Word 2010、Excel 2010 和 PowerPoint 2010 等 Office 2010 的核心组件的基本操作进行介绍,并对常用的功能进行了讲解,同时还介绍了部分进阶操作,可供学有余力的学生自学,以便更好地提升应用这些组件的能力。第 6 章介绍了图像处理的基础知识,并基于 Photoshop 软件进行案例操作讲解。第 7 章对计算机网络的基本概念、因特网基础概念及应用进行了介绍。第 8 章从计算机病毒、杀毒软件、防火墙等方面对计算机的安全进行了分析。

本书覆盖面较广,内容深入浅出,操作步骤清晰,无论是用于学生自学还是教师授课,都可以得到较好的效果。

本书由徐正芹、李艾静、陈娟、初晓婧、杨晓琴、王萌、赵文栋、彭来献、刘宁松编写。在编写过程中得到了业内同行的大力支持,为本书提供了许多宝贵意见,在此一并表示感谢。

由于编者水平有限,各类应用也在不断发展中,书中难免存在不足之处,敬请读者不吝指正。

编 者

2020.8

目　　录

第 1 章　计算机基础知识 ………………………………………………………… 1
1.1　计算机的发展 ……………………………………………………………… 1
1.1.1　计算机简介 ……………………………………………………… 1
1.1.2　计算机的特点及分类 …………………………………………… 2
1.1.3　计算机的发展趋势 ……………………………………………… 4
1.2　计算机系统 …………………………………………………………………… 6
1.2.1　计算机的硬件系统 ……………………………………………… 6
1.2.2　计算机的软件系统 ……………………………………………… 11
1.3　信息的表示与存储 …………………………………………………………… 12
1.3.1　计算机中的数据 ………………………………………………… 12
1.3.2　计算机中数据的单位 …………………………………………… 12
1.3.3　进制之间的转换 ………………………………………………… 13
1.3.4　原码、反码、补码 ……………………………………………… 17
1.3.5　字符数据编码 …………………………………………………… 18

第 2 章　Windows 10 操作系统 ………………………………………………… 21
2.1　Windows 的基本知识 ……………………………………………………… 21
2.2　Windows 10 的基本操作 …………………………………………………… 21
2.2.1　启动和退出 ……………………………………………………… 21
2.2.2　鼠标的使用 ……………………………………………………… 24
2.2.3　认识桌面 ………………………………………………………… 25
2.2.4　桌面的基本操作 ………………………………………………… 26
2.2.5　Windows 任务栏 ………………………………………………… 29
2.2.6　"开始"屏幕 …………………………………………………… 30
2.2.7　窗口 ……………………………………………………………… 31
2.3　管理文件和文件夹 …………………………………………………………… 34
2.3.1　资源管理器 ……………………………………………………… 34
2.3.2　文件和文件夹管理 ……………………………………………… 36
2.4　系统环境管理与设置 ………………………………………………………… 38
2.4.1　控制面板 ………………………………………………………… 38
2.4.2　安装卸载程序 …………………………………………………… 39
2.4.3　显示属性 ………………………………………………………… 39

        2.4.4 用户账户管理 …………………………………… 41
    2.5 系统维护和常用基本工具 …………………………………… 43
        2.5.1 画图 …………………………………… 43
        2.5.2 记事本 …………………………………… 44
        2.5.3 写字板 …………………………………… 46
        2.5.4 计算器 …………………………………… 47
        2.5.5 Windows 管理工具 …………………………………… 48

第 3 章 Word 2010 文字编辑 …………………………………… 50
    3.1 Word 2010 概述 …………………………………… 50
        3.1.1 Word 2010 的功能及新增功能 …………………………………… 50
        3.1.2 Word 2010 的启动和退出 …………………………………… 50
    3.2 Word 2010 的基础知识 …………………………………… 50
        3.2.1 功能区和选项卡 …………………………………… 51
        3.2.2 快速访问工具栏 …………………………………… 51
        3.2.3 上下文选项卡 …………………………………… 52
        3.2.4 实时预览 …………………………………… 52
        3.2.5 增强的屏幕提示 …………………………………… 53
        3.2.6 Word 2010 的后台视图 …………………………………… 53
        3.2.7 自定义功能区 …………………………………… 54
    3.3 文档的创建和编辑 …………………………………… 55
        3.3.1 创建文档 …………………………………… 55
        3.3.2 文本的输入 …………………………………… 56
        3.3.3 文本的选择 …………………………………… 57
        3.3.4 文本的复制、移动和删除 …………………………………… 59
        3.3.5 文本的查找和替换 …………………………………… 60
        3.3.6 撤销与恢复 …………………………………… 62
        3.3.7 检查文档中的拼写和语法 …………………………………… 62
        3.3.8 保存文档 …………………………………… 63
        3.3.9 打印文档 …………………………………… 64
    3.4 Word 文档格式化 …………………………………… 64
        3.4.1 文本格式设置 …………………………………… 65
        3.4.2 设置段落格式 …………………………………… 67
        3.4.3 项目符号与编号 …………………………………… 69
        3.4.4 样式与格式 …………………………………… 70
    3.5 Word 2010 的图表处理 …………………………………… 72
        3.5.1 插入并编辑图片 …………………………………… 72

- 3.5.2 插入剪贴画 ·········· 75
- 3.5.3 添加绘图 ·········· 75
- 3.5.4 使用 SmartArt ·········· 76
- 3.5.5 删除图片背景 ·········· 77
- 3.5.6 使用文本框 ·········· 78
- 3.5.7 添加和修饰表格 ·········· 78

3.6 长文档的编辑与处理 ·········· 85
- 3.6.1 添加文档封面 ·········· 85
- 3.6.2 文档分页与分节 ·········· 85
- 3.6.3 设置文档页眉与页脚 ·········· 87
- 3.6.4 文档分栏 ·········· 88
- 3.6.5 添加引用内容 ·········· 89
- 3.6.6 添加文档目录 ·········· 91
- 3.6.7 文档页面设置 ·········· 92

3.7 文档的审阅 ·········· 94
- 3.7.1 审阅与修订文档 ·········· 94
- 3.7.2 快速比较文档 ·········· 97
- 3.7.3 删除文档中的个人信息 ·········· 98
- 3.7.4 标记文档的最终状态 ·········· 99
- 3.7.5 使用文档部件 ·········· 100
- 3.7.6 共享文档 ·········· 100

3.8 使用邮件合并批量处理文档 ·········· 100
- 3.8.1 邮件合并 ·········· 101
- 3.8.2 制作信封 ·········· 101
- 3.8.3 制作邀请函 ·········· 103

第 4 章 Excel 2010 ·········· 107

4.1 Excel 基础知识 ·········· 107
- 4.1.1 Excel 2010 的功能及新增功能 ·········· 107
- 4.1.2 Excel 2010 的启动与退出 ·········· 107
- 4.1.3 Excel 窗口简介 ·········· 108
- 4.1.4 工作簿、工作表、单元格 ·········· 109

4.2 Excel 基本操作 ·········· 111
- 4.2.1 工作簿新建、打开、保存、关闭 ·········· 111
- 4.2.2 输入数据 ·········· 111
- 4.2.3 编辑工作簿 ·········· 114
- 4.2.4 编辑工作表 ·········· 116

4.3 格式化工作表 ·· 119
  4.3.1 设置数字格式 ·· 119
  4.3.2 设置对齐格式 ·· 120
  4.3.3 设置字体 ·· 120
  4.3.4 设置边框和底纹 ·· 120
  4.3.5 高级格式化工作表 ··· 122
4.4 公式与函数的使用 ·· 126
  4.4.1 公式 ·· 127
  4.4.2 公式的输入和编辑 ··· 128
  4.4.3 函数 ·· 129
  4.4.4 使用公式和函数解决问题 ·· 136
  4.4.5 公式和函数常见问题 ··· 140
4.5 图表的创建和格式化 ·· 140
  4.5.1 创建并编辑迷你图 ··· 140
  4.5.2 创建并编辑图表 ·· 142
4.6 数据管理 ·· 145
  4.6.1 数据排序 ·· 145
  4.6.2 数据筛选 ·· 146
  4.6.3 分类汇总 ·· 148
  4.6.4 数据透视表 ··· 149
  4.6.5 合并计算 ·· 151
4.7 打印工作表 ·· 152

第 5 章 PowerPoint 2010 ·· 154
5.1 PowerPoint 2010 概述 ··· 154
  5.1.1 PPT 2010 的新功能 ··· 154
  5.1.2 PPT 2010 的启动与退出 ··· 154
5.2 PPT 2010 的基础知识 ·· 155
  5.2.1 PPT 2010 的工作界面 ··· 155
  5.2.2 PPT 2010 的视图 ·· 156
5.3 演示文稿的基本操作 ·· 158
  5.3.1 创建演示文稿 ·· 158
  5.3.2 打开和关闭演示文稿 ··· 160
  5.3.3 编辑演示文稿 ·· 161
  5.3.4 保存演示文稿 ·· 164
  5.3.5 幻灯片的版式 ·· 164
5.4 美化演示文稿 ··· 164

	5.4.1 应用主题	164
	5.4.2 应用母版	166
5.5	幻灯片中的应用对象	167
	5.5.1 插入和编辑文本	167
	5.5.2 插入和编辑图像	173
	5.5.3 插入和编辑表格	181
	5.5.4 插入和编辑声影	185
	5.5.5 幻灯片的交互设置	187
5.6	幻灯片的放映与输出	192
	5.6.1 放映幻灯片	192
	5.6.2 设置幻灯片放映	193
	5.6.3 演示文稿的输出	195
	5.6.4 打印演示文稿	196

第 6 章 图像处理 197

6.1	图像处理基础知识	197
	6.1.1 图像和图形	197
	6.1.2 像素与分辨率	198
	6.1.3 颜色模式	199
	6.1.4 图像的种类	201
	6.1.5 图像的属性	203
6.2	Photoshop 软件简介	205
	6.2.1 Photoshop 的历史由来	205
	6.2.2 Photoshop 的主要用途	206
	6.2.3 Photoshop 的基本操作	209

第 7 章 计算机网络基础 231

7.1	计算机网络的基本概念	231
	7.1.1 计算机网络与数据通信	231
	7.1.2 计算机网络的发展	232
	7.1.3 计算机网络的分类	232
	7.1.4 网络拓扑结构	233
	7.1.5 网络硬件	234
	7.1.6 网络软件	234
7.2	因特网基础	235
	7.2.1 IP 地址和域名	235
	7.2.2 因特网接入方法	236

7.3　因特网的应用 ……………………………………………………………… 237
　　7.3.1　网页浏览 ……………………………………………………………… 237
　　7.3.2　电子邮件 ……………………………………………………………… 240

第8章　计算机安全 …………………………………………………………………… 247
　8.1　计算机病毒 ……………………………………………………………… 247
　　8.1.1　计算机病毒的特征及分类 …………………………………………… 247
　　8.1.2　计算机病毒的防治 …………………………………………………… 248
　8.2　杀毒软件 ………………………………………………………………… 250
　　8.2.1　Windows Defender 介绍 …………………………………………… 250
　　8.2.2　启用/禁用 Windows Defender ……………………………………… 250
　　8.2.3　病毒查杀 ……………………………………………………………… 252
　8.3　防火墙 …………………………………………………………………… 252
　　8.3.1　启用/禁用 Windows Defender 防火墙 …………………………… 253
　　8.3.2　"传入连接"设置 ……………………………………………………… 253
　　8.3.3　高级安全 Windows Defender 防火墙 …………………………… 255

参考文献 ……………………………………………………………………………… 257

第 1 章 计算机基础知识

1.1 计算机的发展

在人类文明发展的历史长河中,计算工具经历了从简单到复杂、从低级到高级的发展过程。如绳结、算筹、算盘、计算尺、手摇机械计算机、电动机械计算机、电子计算机等,它们在不同的历史时期发挥了各自的作用,而且也孕育了电子计算机的设计思想和雏形。本节介绍计算机的发展历程、特点、应用、分类和发展趋势。

1.1.1 计算机简介

第二次世界大战爆发带来了强大的计算需求。宾夕法尼亚大学电子工程系的教授莫克利和他的研究生艾克特计划采用真空管建造一台通用电子计算机,帮助军方计算弹道轨迹。1943年,这个计划被军方采纳,莫克利和艾克特开始研制电子数字积分计算机(Electronic Numerical Integrator and Calculator,ENIAC),并于1946年研制成功。

根据计算机所使用的电子逻辑器件的更替发展,可将计算机的发展过程分为如下几个阶段:

(1) 第一代计算机:电子管计算机(1946—1958 年)。电子管计算机的主要电子元件是电子管,这代计算机体积庞大、耗电量大、运算速度慢、价格昂贵,仅用于军事研究和科研计算,如图 1-1 为第一台电子数字计算机。

图 1-1 第一台电子数字计算机

(2) 第二代计算机：晶体管计算机(1958—1964 年)。晶体管计算机的主要电子元件是晶体管，用晶体管代替电子管作为元件，计算机运算速度提高了，体积变小了，同时成本也降低了，并且耗电量大为降低，可靠性大大提高。

(3) 第三代计算机：中小规模集成电路计算机(1964—1970 年)。随着半导体工艺的发展，人们成功制造了集成电路。计算机也采用了中小规模集成电路作为元件，使其运算速度明显提高，体积大大减小，进而开始应用于社会各个领域。

(4) 第四代计算机：大规模、超大规模集成电路计算机(1970 年至今)。

(5) 新一代的计算机：智能化、多媒体化、网络化、微型化、巨型化。

今后计算机的总趋势是：运算速度越来越快，体积越来越小，重量越来越轻，能耗越来越低，应用领域越来越广，使用越来越方便。

1.1.2 计算机的特点及分类

计算机能够按照程序确定的步骤，对输入的数据进行加工处理、存储或传送，以获得期望的输出信息，从而利用这些信息来提高工作效率和社会生产率，改善人们的生活质量。计算机之所以具有如此强大的功能，能够应用于各个领域，这是由它的特点所决定的。

1) 计算机的特点

(1) 运算速度快

运算速度是计算机的一个重要性能指标。计算机的运算速度通常用每秒钟执行定点加法的次数或平均每秒钟执行指令的条数来衡量。运算速度快是计算机的一个突出特点。

(2) 计算精度高

在科学研究和工程设计中，对计算结果的精度有很高的要求。一般的计算工具只能达到几位有效数字(如过去常用的四位数学用表、八位数学用表等)，而计算机对数据的结果精度可达到十几位、几十位有效数字，根据需要甚至可达到任意的精度。

(3) 存储容量大

计算机的存储器可以存储大量数据，这使计算机具有了"记忆"功能。目前计算机的存储容量越来越大，已高达千吉数量级的容量。计算机具有"记忆"功能，是它与传统计算工具的一个重要区别。

(4) 具有逻辑判断功能

计算机的运算器除了能够完成基本的算术运算外，还具有进行比较、判断等逻辑运算的功能。这种能力是计算机处理逻辑推理问题的前提。

(5) 自动化程度高、通用性强

由于计算机的工作方式是将程序和数据先存放在机内，工作时按程序规定的操作，一步一步地自动完成，一般无须人工干预，因而自动化程度高。这一特点是一般计算工具所不具备的。计算机通用性的特点表现在它几乎能求解自然科学和社会科学中一切类型的问题，能广泛地应用于各个领域。

(6) 网络与通信功能

计算机技术发展到今天，不仅可将一个个城市的计算机连成一个网络，而且能将一个个国家的计算机连在一个计算机网络上。目前,体量最大、应用范围最广的"国际互联网"(Internet)连接了全世界200多个国家和地区数亿台各种计算机。联网的所有计算机用户可通过网络共享资料、交流信息、互相学习,将世界变成了地球村。

计算机网络功能的重要意义是:它改变了人类交流的方式和信息获取的途径。

2) 计算机的分类

随着计算机技术和应用的发展,计算机的家族越来越庞大,种类越来越多,可以按照不同的方法对其进行分类。

(1) 按计算机处理数据的形式和方式的不同,可以分为模拟计算机、数字计算机和混合计算机。数字计算机的特点是:处理的数据都是以0和1表示的二进制数字,是离散的数据量,其运算速度快、准确率高、存储量大,因此适合用于科学计算、信息处理、过程控制和人工智能等,具有广泛的用途。模拟计算机的主要特点是:参与运算的数据的模拟的连续数据,称为模拟量,通常以电信号的幅值来模拟数值或某物理量的大小,如电压、电流、温度等。模拟计算机由于受元器件质量影响,其计算精度较低,应用范围较窄,目前已较少生产。

(2) 按计算机的用途可分为通用计算机和专用计算机。通用计算机能解决多种类型的问题,通用性能强,如个人计算机PC(Personal Computer);专用计算机是为适应某种特殊需要而设计的计算机,通常增强了某些特定功能,能够高速、可靠地解决特定问题,如在导弹、火箭、军舰上使用的计算机大部分都是专用计算机。

(3) 按计算机的性能、规模和处理能力,可将计算机分为巨型机、大中型机、小型机、微型机、工作站和服务器等。

① 巨型机。巨型机又称为超级计算机,是指运算速度超过每秒1亿次的高性能计算机,它是目前功能最强、速度最快、软硬件配套齐备、价格最贵的计算机,现代的巨型计算机用于核物理研究、核武器设计、航天航空飞行器设计、国民经济的预测和决策、能源开发、中长期天气预报、卫星图像处理、情报分析和各种科学研究方面,是强有力的模拟和计算工具,对国民经济和国防建设具有特别重要的价值。

"天河一号"为我国首台千万亿次超级计算机,它每秒钟1 206万亿次的峰值速度和每秒563.1万亿次的Linpack实测性能,也使中国成为继美国之后世界上第二个能够自主研制千万亿次超级计算机的国家。

② 大中型机。这种计算机也有很高的运算速度和很大的存储量,并允许相当多的用户同时使用。当然在量级上大中型计算机不及巨型计算机,结构上也较巨型机简单些,价格相对巨型机来得便宜,因此使用的范围较巨型机普遍,是事务处理、商业处理、信息管理、大型数据库和数据通信的主要支柱。

大中型机通常像一个家族一样形成系列,如IBM 370系列、DEC公司生产的VAX 8000系列、日本富士通公司的M-780系列。同一系列的不同型号的计算机可以执行同一个软件,称为软件兼容。

③ 小型机。其规模和运算速度比大中型机要差,但仍能支持十几个用户同时使用。小型机具有体积小、价格低、性价比高等优点,适合中小企业、事业单位用于工业控制、数据采

集、分析计算、企业管理以及科学计算等,也可做巨型机或大中型机的辅助机。典型的小型机有美国 DEC 公司的 PDP 系列计算机、IBM 公司的 AS/400 系列计算机、我国的 DJS-130 计算机等。

④ 微型机。微型计算机简称微机,是当今使用最普及、产量最大的一类计算机,体积小、功耗低、成本低、灵活性大,性价比明显优于其他类型计算机,因而得到了广泛应用。微型计算机可以按结构和性能划分为单片机、单板机、个人计算机等几种类型。

⑤ 工作站。是一种以个人计算机和分布式网络计算为基础,主要面向专业应用领域,具备强大的数据运算与图形、图像处理能力,为满足工程设计、动画制作、科学研究、软件开发、金融管理、信息服务、模拟仿真等专业领域而设计开发的高性能计算机。它属于一种高档的电脑,一般拥有较大屏幕显示器和大容量的内存和硬盘,也拥有较强的信息处理功能和高性能的图形、图像处理功能以及联网功能。

⑥ 服务器。专指某些高性能计算机,能通过网络对外提供服务。相对于普通电脑来说,其稳定性、安全性及性能等方面都要求更高,因此在 CPU、芯片组、内存、磁盘系统、网络等硬件方面和普通电脑有所不同。服务器是网络的节点,存储、处理网络上 80% 的数据、信息,在网络中起到举足轻重的作用。它们是为客户端计算机提供各种服务的高性能的计算机,其高性能主要表现在高速度的运算能力、长时间的可靠运行、强大的外部数据吞吐能力等方面。服务器的构成与普通电脑类似,也有处理器、硬盘、内存、系统总线等,但因为它是针对具体的网络应用特别制定的,因而服务器与微机在处理能力、稳定性、可靠性、安全性、可扩展性、可管理性等方面存在很大差异。服务器主要有网络服务器(DNS、DHCP)、打印服务器、终端服务器、磁盘服务器、邮件服务器、文件服务器等。

1.1.3 计算机的发展趋势

计算机的发展将趋向超高速、超小型、并行处理和智能化。自从第一台电子计算机诞生以来,计算机技术迅猛发展,传统计算机的性能受到挑战,开始从基本原理上寻找计算机发展的突破口,新型计算机的研发应运而生。未来量子、光子和分子计算机将具有感知、思考、判断、学习以及一定的自然语言能力,使计算机进入人工智能时代。这种新型计算机将推动新一轮计算机技术革命,对人类社会的发展产生深远的影响。

1) 智能化的超级计算机

超高速计算机采用平行处理技术改进计算机结构,使计算机系统同时执行多条指令或同时对多个数据进行处理,进一步提高计算机运行速度。超级计算机通常是由数百数千甚至更多的处理器组成,能完成普通计算机和服务器不能计算的大型复杂任务。从超级计算机获得的数据分析和模拟成果,能推动各个领域高精尖项目的研究与开发,为人们的日常生活带来各种各样的好处。最大的超级计算机有着接近于复制人类大脑的能力,具备更多的智能成分,方便人们的生活、学习和工作。世界上最受欢迎的动画片、很多耗巨资拍摄的电影中,使用的特技效果都是在超级计算机上完成的。日本、美国、以色列、中国和印度首先成为世界上拥有每秒运算万亿次的超级计算机的国家,超级计算机已在科技界引起开发和创新狂潮。

2）新型高性能计算机问世

硅芯片技术高速发展的同时，也意味着硅技术越来越接近其物理极限。为此，世界各国的研究人员正在加紧研究开发新型计算机，计算机的体系结构与技术都将产生一次量与质的飞跃。新型的量子计算机、光子计算机、分子计算机、纳米计算机等，未来将会走进人们的生活，遍布各个领域。

（1）光学计算机

光学计算机顾名思义，是以光子作为数据传输载体，因为它的速度和光速相当，并且拥有稳定的偏振能力和频率，能够有效增强数据传输和存储的能力。最重要的是，以光为传输载体，不需要其他导体，并且信息容纳量极高，就一束透过棱镜的小光，能搭载的信息便可以超过目前全世界的电缆总数，甚至多出几百倍。所以说，这样的计算机必将是人们坚持不懈也要得到的超级电脑。

（2）量子计算机

量子计算机的概念源于可逆计算机的研究，它是一类遵循量子力学规律进行高速数学和逻辑运算、存储及处理量子信息的物理装置。其基本规律包括不确定原理、对应原理和波尔理论等。它应用常见，如半导体材料为主的电子产品、激光刻录光盘、核磁共振等。量子计算机对每一个叠加分量实现的变换相当于一种经典计算，所有这些经典计算同时完成，并按一定的概率振幅叠加起来，给出量子计算机的输出结果。这种计算称为量子并行计算，也是量子计算机最重要的优越性。量子计算机的计算能力远远超过传统计算机，例如中国的"天河一号"超级计算机，计算能力达到几亿亿次。如果"天河一号"破解一个密码需要20万年，那么用量子计算机，一个小时就能搞定。二者根本不是一个量级的，如果量子计算机普及，那这个世界就会发生根本性的改变。

（3）生物计算机

生物计算机也称仿生计算机，主要原材料是生物工程技术产生的蛋白质分子，并以此作为生物芯片来替代半导体硅片，利用有机化合物存储数据。信息以波的形式传播，当波沿着蛋白质分子链传播时，会引起蛋白质分子链中单键、双键结构顺序的变化。运算速度要比当今最新一代计算机快10万倍，它具有很强的抗电磁干扰能力，并能彻底消除电路间的干扰。能量消耗仅相当于普通计算机的十亿分之一，且具有巨大的存储能力。生物计算机具有生物体的一些特点，如能发挥生物本身的调节机能，自动修复芯片上发生的故障，还能模仿人脑的机制等。生物计算机是全球高科技领域最具活力和发展潜力的一门学科，其涉及多种学科领域，包括计算机科学、脑科学、分子生物学、生物物理、生物工程、电子工程等有关学科。

可以相信，新型计算机与相关技术的研发和应用，是未来科技领域的重大创新，必将推进全球经济社会高速发展，实现人类发展史上的重大突破。科学在发展，人类在进步，历史上的新生事物都要经过一个从无到有的艰难历程，随着一代又一代科学家们的不断努力，未来计算机一定会更加方便人们的工作、学习、生活。

1.2 计算机系统

计算机系统由硬件系统和软件系统组成。硬件系统包括计算机的各个功能部件;计算机软件系统包括系统软件和应用软件。

1.2.1 计算机的硬件系统

硬件系统是指构成计算机的物理设备,即由机械、光、电、磁器件构成的具有计算、控制、存储、输入和输出功能的实体部件,如 CPU、存储器、软盘驱动器、硬盘驱动器、光盘驱动器、主机板、各种卡及整机中的主机、显示器、打印机、绘图仪、调制解调器等。

1) 存储器

存储器将输入设备接收到的信息以二进制的数据形式存到存储器中。存储器有两种,分别叫做内存储器和外存储器。

(1) 内存储器

微型计算机的内存储器是由半导体器件构成的。从使用功能上分,有随机存储器(Random Access Memory,简称 RAM),又称读写存储器;只读存储器(Read Only Memory,简称为 ROM)。

① 随机存储器

RAM 有以下特点:可以读出,也可以写入。读出时并不损坏原来存储的内容,只有写入时才修改原来所存储的内容。断电后,存储内容立即消失,即具有易失性。

RAM 可分为动态(Dynamic RAM,简称 DRAM)和静态(Static RAM,简称 SRAM)两大类。DRAM 的特点是集成度高,主要用于大容量内存储器;SRAM 的特点是存取速度快,主要用于高速缓冲存储器。

② 只读存储器(Read Only Memory)

ROM 是只读存储器。顾名思义,它的特点是只能读出原有的内容,不能由用户再写入新内容。原来存储的内容是采用掩膜技术由厂家一次性写入的,并永久保存下来。它一般用来存放专用的、固定的程序和数据,不会因断电而丢失。

③ CMOS 存储器(Complementary Metal Oxide Semiconductor Memory,互补金属氧化物半导体内存)

CMOS 内存是一种只需要极少电量就能存放数据的芯片。由于耗能极低,CMOS 内存可以由集成到主板上的一个小电池供电,这种电池在计算机通电时还能自动充电。因为 CMOS 芯片可以持续获得电量,所以即使在关机后,他也能保存有关计算机系统配置的重要数据。

(2) 外存储器

外存储器的种类很多,又称辅助存储器。外存通常是磁性介质或光盘,像硬盘、软盘、磁带、CD 等,能长期保存信息,并且不依赖于电来保存信息。与内存相比,其速度非常慢但价格非常低廉。

2) 运算器

运算器又称算术逻辑单元,它是完成计算机对各种算术运算和逻辑运算的装置,能进行加、减、乘、除等数学运算,也能做比较、判断、查找、逻辑运算等。

3) 控制器

控制器是计算机指挥和控制其他各部分工作的中心,其工作过程与人的大脑指挥和控制人的各器官一样。

控制器是计算机的指挥中心,负责决定执行程序的顺序,给出执行指令时机器各部件需要的操作控制命令。

由程序计数器、指令寄存器、指令译码器、时序产生器和操作控制器组成,它是发布命令的"决策机构",即完成协调和指挥整个计算机系统的操作。

控制器的主要功能:

(1) 从内存中取出一条指令,并指出下一条指令在内存中的位置;

(2) 对指令进行译码或测试,并产生相应的操作控制信号,以便启动规定的动作;

(3) 指挥并控制 CPU、内存和输入/输出设备之间数据流动的方向。

控制器根据事先给定的命令发出控制信息,使整个电脑指令执行过程一步一步地进行,是计算机的神经中枢。

4) 存储设备

(1) 硬盘

硬盘是计算机系统中最主要的辅助存储器。硬盘盘片与其驱动器合二为一。硬盘通常安装在主机箱内,所以无法从计算机的外部看到。

① 硬盘的种类。

按硬盘的几何尺寸划分,硬盘分为 3.5 英寸和 5.25 英寸两种。

按硬盘接口划分,主要有 IDE、EIDE、DMA、SCSI、SATA、SAS 接口硬盘。

② 硬盘主要的性能指标及选购。

容量:硬盘的容量指的是硬盘中可以容纳的数据量。

转速:转速是指硬盘内部马达旋转的速度,单位是 r/min(每分钟转数)。

平均寻道时间:平均寻道时间指的是磁头到达目标数据所在磁道的平均时间,它直接影响硬盘的随机数据传输速度。

缓存:缓存的大小会直接影响硬盘的整体性能。

(2) 光盘

光盘存储器的主要类型有以下几种:

① 固定型光盘,又叫只读光盘。

② 追记型光盘,又叫只写一次式光盘。

③ 可改写型光盘,也叫可擦写光盘。

U 盘是 USB(Universal Serial Bus)盘的简称,根据谐音也称"优盘"。U 盘是闪存的一种,故有时也称作闪盘。U 盘与硬盘的最大不同是,它不需要物理驱动器,即插即用,且其存储

图 1-2 U 盘

容量远超过软盘,极便于携带。

U盘集磁盘存储技术、闪存技术及通用串行总线技术于一体。USB的端口连接电脑,是数据输入/输出的通道;主控芯片使计算机将U盘识别为可移动磁盘,是U盘的"大脑";U盘Flash(闪存)芯片保存数据,与计算机的内存不同,即使在断电后数据也不会丢失;PCB底板将各部件连接在一起,并提供数据处理的平台。

5) 输入设备

输入设备(Input Device)是用户向计算机输入数据和信息的设备,是计算机与用户或其他设备通信的桥梁,用户可以使用输入设备将原始数据和处理这些数据的程序输入到计算机中。计算机能够接收各种各样的数据,既可以是数值型的数据,也可以是各种非数值型的数据,如图形、图像、声音等都可以通过不同类型的输入设备输入到计算机中,进行存储、处理和输出。

常见的输入设备有鼠标、键盘、摄像头、扫描仪、光笔、手写输入板、游戏杆、语音输入装置等,下面就简单介绍几种。

(1) 鼠标

鼠标(Mouse)是一种手持式屏幕坐标定位设备,它是为适应菜单操作的软件和图形处理环境而出现的一种输入设备,特别是在现今流行的Windows图形操作系统环境下应用鼠标器更加方便快捷。常用的鼠标器有两种,一种是机械式的,另一种是光电式的。在菜单选择中,左键可选菜单项,也可以选择绘图工具和命令。当作出选择后系统会自动执行所选择的命令。鼠标器能够移动光标,选择各种操作和命令,并可方便地对图形进行编辑和修改,但却不能输入字符和数字。

图1-3 鼠标

(2) 键盘

键盘(Keyboard)是常用的输入设备,它是由一组开关矩阵组成,包括数字键、字母键、符号键、功能键及控制键等。每一个按键在计算机中都有它的唯一代码。当按下某个键时,键盘接口将该键的二进制代码送入计算机主机中,并将按键字符显示在显示器上。当快速大量输入字符,主机来不及处理时,先将这些字符的代码送往内存的键盘缓冲区,然后再从该缓冲区中取出进行分析处理。键盘接口电路多采用单片微处理器,由它控制整个键盘的工作,如上电时对键盘的自检、键盘扫描、按键代码的产生、发送与主机的通信等。

图1-4 键盘

(3) 扫描仪

图形(图像)扫描仪是利用光电扫描将图形(图像)转换成像素数据输入到计算机中的输入设备。目前一些部门已开始把图像输入用于图像资料库的建设中,如人事档案中的照片输入、公安系统案件资料管理、数字化图书馆的建设、工程设计和管理部门的工程图管理系统等都使用了各种类型的图形(图像)扫描仪。

现在人们正在研究使计算机具有人的"听觉"和"视觉",即让计算机能听懂人说的话、看懂人写的字,从而能以人们接收信息的方式接收信息。为此,人们开辟了新的研究方向,其中包括模式识别、人工智能、信号与图像处理等,并在这些研究方向的基础上产生了语音识别、文字识别、自然语言理解与机器视觉等研究方向。

6) 输出设备

输出设备(Output Device)是计算机硬件系统的终端设备,用于接收计算机数据的输出显示、打印、声音、控制外围设备操作等,也可以把各种计算结果数据或信息以数字、字符、图像、声音等形式表现出来。常见的输出设备有显示器、显卡、声卡、打印机、绘图仪、影像输出系统、语音输出系统、磁记录设备等,下面就简单介绍几种。

(1) 显示器

显示器(Display)又称监视器,是实现人机对话的主要工具,它既可以显示键盘输入的命令或数据,也可以显示计算机数据处理的结果。

(2) 显示器适配器

显示器适配器又称显卡,是显示器与主机的接口部件,以硬件插卡的形式插在主机板上。显示器的分辨率不仅决定于阴极射线管本身,也与显示器适配器的逻辑电路有关。常用的显示器适配器有:

① CGA(Colour Graphics Adapter)彩色图形适配器,俗称 CGA 卡,适用于低分辨率的彩色和单色显示器。

② EGA(Enhanced Graphics Adapter)增强型图形适配器,俗称 EGA 卡,适用于中分辨率的彩色图形显示器。

③ VGA(Video Graphis Array)视频图形阵列,俗称 VGA 卡,适用于高分辨率的彩色图形显示器。

(3) 声卡

声卡(Sound Card)也叫音频卡(港台地区称之为声效卡),声卡是多媒体技术中最基本的组成部分,是实现声波/数字信号相互转换的一种硬件。声卡的基本功能是把来自话筒、磁带、光盘的原始声音信号加以转换,输出到耳机、扬声器、扩音机、录音机等声响设备,或通过音乐设备数字接口(Musical Instrument Digital Interface,简称 MIDI)使乐器发出美妙的声音。

(4) 打印机

打印机(Printer)是计算机的输出设备之一,用于将计算机处理结果打印在相关介质上。衡量打印机好坏的指标有三项:打印分辨率,打印速度和噪声。打印机的种类很多,按打印元件对纸是否有击打动作,分为击打式打印机与非击打式打印机;按打印字符结构,分为全形字符打印机和点阵字符打印机;按一行字在纸上形成的方式,分为串式打印机与行式打印机;按所采用的技术,分为柱形、球形、喷墨式、热敏式、激光式、静电式、磁式、发光二极管式等打印机。

7）微型计算机的主要技术指标

不同用途的计算机，对不同部件的性能指标要求有所不同。例如：以科学计算为主的计算机，对主机的运算速度要求很高；以大型数据库处理为主的计算机，对主机的内存容量、存取速度和外存速度及外存储器的读写速度要求较高；以网络传输为主的计算机，则要求有很高的I/O速度，因此应当有高速的I/O总线和相应的I/O接口。

（1）CPU

主频：主频是衡量CPU运行速度的重要指标，它是指系统时钟脉冲发生器输出周期性脉冲的频率，通常以兆赫兹（MHz）为单位。目前的微处理器的主频已高达1.5 GHz、2.2 GHz以上。

字长：字长是CPU可以同时处理的二进制数据位数。如64位微处理器，一次能够处理64位二进制数据。常用的有32位、64位微处理器。一般来说，计算机的字长越长，其性能就越好。

运算速度：计算机的运算速度是指计算机每秒执行的指令数。单位为每秒百万条指令或每秒百万条浮点指令。它们都是用基准程序来测试的。影响运算速度的几个主要因素有主频、字长及指令系统的合理性。

（2）内存

内存又称主存，它是外存与CPU进行沟通的桥梁。内存储器完成一次读或写操作所需要的时间称为存储器的存储时间或者访问时间。而连续两次读（或写）所需间隔的最短时间称为存储周期。对于半导体存储器来说，存取周期约为几十到几百纳秒。

存储容量是计算机内存所能存放二进制数的量，一般用字节数（Byte）来度量。内存容量的加大，对于运行大型软件十分必要，否则用户会感到慢得无法接受。

（3）I/O的速度

主机I/O的速度，取决于I/O总线的设计。这对于慢速设备（例如键盘、打印机）关系不大，但对于高速设备则效果十分明显。

（4）主板

主板又叫主机板、系统板。它安装在机箱内，是微机最基本的也是最重要的部件之一。主板一般为矩形电路板，上面安装了组成计算机的主要电路系统，一般有BIOS芯片、I/O控制芯片、键盘和面板控制开关接口、指示灯插接件、扩充插槽、主板及插卡的直流电源供电接插件等元件。作为计算机里面最大的一个配件（机箱打开里面最大的那块电路板），主板的主要任务就是为CPU、内存、显卡、声卡、硬盘灯设备提供一个可以正常稳定运作的平台。

（5）总线

总线是计算机各种功能部件之间传送信息的公共通信干线，它是由导线组成的传输线束。总线是一种内部结构，它是CPU、内存、输入设备、输出设备传递信息的公用通道，主机的各个部件通过总线相连接，外部设备通过相应的接口电路再与总线相连接，从而在计算机系统中形成计算机硬件系统。微型计算机是以总线结构来连接各个功能部件的。

总线通常指系统总线，一般含有3种不同功能的总线：数据总线、地址总线和控制总线。

数据总线用于传送数据信息。数据总线是双向三态形式的总线,即它既可以把CPU的数据传送到存储器或I/O接口等其他部件,也可以将其他部件的数据传送到CPU。数据总线的位数是微型计算机的重要指标,通常与微处理的字长相一致。需要指出的是,数据的含义是广义的,它可以是真正数据,也可以是指令代码或状态信息,有时甚至是一个控制信息,因此,在实际工作中,数据总线上传送的并不一定仅仅是真正意义上的数据。

地址总线专门用来传送地址。由于地址只能从CPU传向外部存储器或I/O端口,因此,地址总线是单向三态的,这与数据总线不同。地址总线的位数决定了CPU可直接寻址的内存空间大小,比如8位微型机的地址总线为16位,则其最大可寻址空间为2^{16} B=64 KB;16位微型机的地址总线为20位,其可寻址空间为2^{20} B=1 MB。一般来说,若地址总线为n位,则可寻址空间为2^n字节。

控制总线用来传送控制信号和时序信号。控制信号中,有的是微处理器送往存储器和I/O接口电路的,如读/写信号、中断响应信号等;也有是其他部件反馈给CPU的,如中断申请信号、复位信号、总线请求信号、设备就绪信号等。因此,控制总线的传送方向由具体控制信号而定,一般是双向的,控制总线的位数要根据系统的实际控制需要而定。实际上控制总线的具体情况主要取决于CPU。

1.2.2 计算机的软件系统

计算机软件系统是由计算机软件组成的系统,软件是指计算机系统中的程序及其文档,程序是计算机任务的处理对象和处理规则的描述,文档是未来便于了解程序所需的阐明性资料。程序必须装入机器内部才能工作,文档一般是给人看的,不一定装入机器。

软件是用户与硬件之间的接口界面,用户主要通过软件与计算机交流。

软件是一系列按照特定顺序组织的计算机数据和指令的集合。一般来讲软件被划分为系统软件和应用软件。其中系统软件为计算机使用提供最基本的功能,但并不针对某一特定应用领域。而应用软件则恰好相反,不同的应用软件根据用户和所服务的领域提供不同的功能。

(1) 系统软件

系统软件(Operational Software)是指控制和协调计算机及外部设备,支持应用软件开发和运行的系统,是无需用户干预的各种程序的集合,主要功能是调度、监控和维护计算机系统;负责管理计算机系统中各种独立的硬件,使得它们可以协调工作。系统软件使得计算机使用者和其他软件将计算机当作一个整体而不需要顾及底层每个硬件是如何工作的。

(2) 应用软件

应用软件(Application Software)是和系统软件相对应的,是用户可以使用的各种程序设计语言,以及用各种程序设计语言编制的应用程序的集合,分为应用软件包和用户程序。应用软件包是利用计算机解决某类问题而设计的程序的集合,供多用户使用。

应用软件是为满足用户不同领域、不同问题的应用需求而提供的那部分软件。它可以拓宽计算机系统的应用领域,放大硬件的功能。

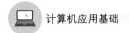

1.3 信息的表示与存储

计算机科学的研究主要包括信息的采集、存储、处理和传输,而这些都与信息的量化和表示密切相关。本节从信息的定义出发,对数据的表示、转换、处理、存储方法进行论述,从而得出计算机对信息的处理方法。

1.3.1 计算机中的数据

数据是对客观事物的符号表示。数值、文字、语言、图形、图像等都是不同形式的数据链。客观世界中的各种数据在计算机中采用二进制的方式进行存储、表示和处理。

二进制只有"0"和"1"两个数码。相对于十进制,采用二进制表示不但运算简单、易于物理实现、通用性强,更重要的优点是所占用的空间和消耗的能量小得多,机器可靠性高。

虽然计算机内部使用二进制表示各类信息,但计算机与外部交流仍然用人们便于理解和阅读的形式表示,如十进制数据、文字和图形等。它们之间的转换由计算机系统的硬件和软件来实现。例如,各种声音被麦克风接收,产生的电信号为模拟信号(时间和幅值上连续的信号),必须经过模/数(A/D)转换器将其转换为数字信号,再送入计算机中进行处理和存储;然后将处理结果通过数/模(D/A)转换器将数字信号转换为模拟信号,然后通过扬声器听到的才是连续的、正常的声音。

1.3.2 计算机中数据的单位

计算机中数据的最小单位是位,存储容量的基本单位是字节。8个二进制位称为1个字节,此外还有KB、MB、GB、TB等。

(1) 位(bit)

位是度量数据的最小单位。在数字电路和计算机技术中采用二进制表示数据,代码只有0和1。采用多个数码(0和1的组合)来表示一个数,其中的每一个数码称为1位。

(2) 字节(Byte)

一个字节由8位二进制数字组成(1 Byte=8 bit)。字节是信息组织和存储的基本单位,也是计算机体系结构的基本单位。

早期的计算机并无字节的概念。20世纪50年代中期,随着计算机逐渐从单纯用于科学计算扩展到数据处理领域,为了在体系结构上兼顾表示"数"和"字符",就出现了"字节"。

为了便于衡量存储器的大小,统一以字节(Byte,B)为单位。表1-1为字节换算表。

表1-1 字节换算表

千字节	1 KB=1 024 B=2^{10} B
兆字节	1 MB=1 024 KB=2^{20} B
吉字节	1 GB=1 024 MB=2^{30} B
太字节	1 TB=1 024 GB=2^{40} B

(3) 字长

在计算机诞生初期,受各种因素限制,计算机一次能够同时(并行)处理 8 个二进制位。人们将计算机一次能够并行处理的二进制位称为该机器的字长,也称为计算机的一个"字"。随着电子技术的发展,计算机并行处理能力越来越强,计算机的字长通常是字节的整倍数,如 8 位、16 位、32 位,发展到今天微型机的 64 位,大型机已达 128 位。

字长是计算机的一个重要指标,直接反映一台计算机的计算能力和计算精度。字长越长,计算机的数据处理速度越快。

1.3.3 进制之间的转换

日常生活中,人们常用的数据一般是用十进制表示的,而计算机中所有的数据都是用二进制表示的。但为了书写方便,也采用八进制或十六进制形式表示。下面介绍数制的基本概念及不同数制之间的转换方法。

1) 进位计数制

多位数码中每一位的构成方法以及从低位到高位的进制规则称为进位计数制(简称数制)。

如果采用 R 个基本符号(例如 0,1,2,…,R-1)表示数值,则称为 R 进制,R 称为该数制的基数,而数制中固定的基本符号称为"数码"。处于不同位置的数码代表的值不同,与它所在的位置的"权"值有关。表 1-2 给出了计算机中常用的几种进位计数制。

表 1-2 计算机中常用的几种进位计数制的表示

进位制	基数	数 码	权	形式表示
二进制	2	0,1	2^1	B
八进制	8	0,1,2,3,4,5,6,7	8^1	O
十进制	10	0,1,2,3,4,5,6,7,8,9	10^1	D
十六进制	16	0,1,2,3,4,5,6,7,8,9,A,B,C,D,E,F	16^1	H

表 1-2 中,十六进制的数码除了十进制中的 10 个数码以外,还使用了 6 个英文字母:A、B、C、D、E、F,它们分别等于十进制的 10、11、12、13、14、15。

在数字电路和计算机中,可以用括号加数制基数下标的方式表示不同数制的数。如 $(25)_{10}$、$(1101.11)_2$、$(35B.12F)_{16}$,或者 $(25)_D$、$(1101.11)_B$、$(35B.12F)_H$。

表 1-3 是十进制数 0~15 与等值二进制、八进制、十六进制的对照表。

表 1-3 不同进制数的对照表

十进制	二进制	八进制	十六进制
0	0000	00	0
1	0001	01	1
2	0010	02	2

(续表)

十进制	二进制	八进制	十六进制
3	0011	03	3
4	0100	04	4
5	0101	05	5
6	0110	06	6
7	0111	07	7
8	1000	10	8
9	1001	11	9
10	1010	12	A
11	1011	13	B
12	1100	14	C
13	1101	15	D
14	1110	16	E
15	1111	17	F

可以看出,采用不同的数制表示同一数时,基数越大,则使用的位数越少。比如十进制数15,需要4位二进制数表示,只需要2位八进制数来表示,只需要1位十六进制数来表示,这也是为什么在程序的书写中一般采用八进制或十六进制表示数据的原因。在数制中有一个规则,就是N进制一定遵循"逢N进一"的进位规则,如十进制就是"逢十进一"、二进制就是"逢二进一"。

2) R 进制转换为十进制

在人们熟悉的十进制系统中,9658还可以表示成如下的多项式形式:

$$(9658)_D = 9 \times 10^3 + 6 \times 10^2 + 5 \times 10^1 + 8 \times 10^0$$

上式中的 10^3、10^2、10^1、10^0 是各位数码的权。可以看出,个位、十位、百位和千位的数字只有乘上它们的权值,才能真正表示它的实际数值。

方法:将 R 进制数按权展开求和即可得到相应的十进制数,这就是实现了 R 进制对十进制的转换。

例如:

$$(234)_H = (2 \times 16^2 + 3 \times 16^1 + 4 \times 16^0)_D$$
$$= (512 + 48 + 4)_D$$
$$= (564)_D$$
$$(234)_O = (2 \times 8^2 + 3 \times 8^1 + 4 \times 8^0)_D$$
$$= (128 + 24 + 4)_D$$
$$= (156)_D$$

$$(10110)_B = (1×2^4 + 0×2^3 + 1×2^2 + 1×2^1 + 0×2^0)_D$$
$$= (16+4+2)_D$$
$$= (22)_D$$

3)十进制转换为 R 进制

将十进制转换为 R 进制时,可将此数分成整数与小数两部分分别进行转换,然后再拼接起来即可。

(1)整数转换

方法:将一个十进制整数转换成 R 进制数可以采用"除 R 取余"法,即将十进制整数连续地除以 R 取余数,直到商为 0,余数从右到左排列,首次取得的余数排在最右边。

例 1-1:将十进制数 225 转换成二进制数。

转换结果为:$(225)_D = (11100001)_B$。

例 1-2:将十进制数 225 转换成八进制数。

转换结果为:$(225)_D = (341)_O$。

例 1-3:将十进制数 225 转换为十六进制数。

转换结果为:$(225)_D = (E1)_H$。

（2）小数转换

小数部分转换成R进制数采用"乘R取整"法,即将十进制小数不断乘以R取整数,直到小数部分为0或达到要求的精度为止(当小数部分永远不会达到0时);所得的整数从小数点之后自左向右排列,取有效精度,首次取得的整数排在最左边。

例1-4：将十进制数0.625转换成二进制数。

```
      0.625                    高位
    ×     2
    ─────────    取整1
      1.25
      0.25
    ×     2
    ─────────    取整0
      0.5
      0.5
    ×     2
    ─────────    取整1        低位
      1
```

转换结果为：$(0.625)_D = (0.101)_B$。

例1-5：将十进制数20.58转换成八进制。

整数部分转换为：　　　　　　　　小数部分转换为：

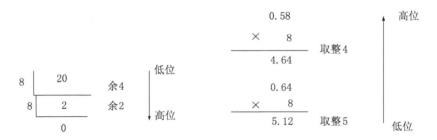

转换结果为：$(20.58)_D \approx (24.45)_O$。

4) 二进制数与八进制数的相互转换

二进制数转换成八进制数的方法是：将二进制数从小数点开始,对二进制整数部分向左每3位分成一组,对二进制小数部分向右每3位分成一组,不足3位的分别向高位(整数部分)或低位(小数部分)补0凑成3位。每一组有3位二进制数,分别转换成八进制数码中的一个数字,全部连接起来即可。

$8^1 = 2^3$,3位二进制数刚好表示0~7这8个数码,也就是说二进制的3位数正好可以用1位八进制数表示。

例1-6：将二进制数1010100101.10101转换成八进制数。

$$(1010100101.10101)_B = (001\ 010\ 100\ 101.101\ 010)_B$$
$$= (1245.52)_O$$

5) 二进制与十六进制数之间的转换

二进制转换成十六进制数,4位分成一组,再分别转换成十六进制数码中的一个数字,不足4位的分别向高位或低位补0凑成4位,全部连接起来即可。反之,十六进制数转换成二进制数,只要将每一位十六进制数转换成4位二进制数,依次连接起来即可。

$16^1=2^4$,4位二进制数刚好可以表示0~F这16个数码,也就是说二进制的4位数正好可以用1位十六进制数表示。

例1-7:将二进制数1010100101.10101转换成十六进制数。

$$(1010100101.10101)_B = (0010\quad 1010\quad 0101.1010\quad 1000)_B$$
$$= (2A5.A8)_H$$

6) 八进制与十六进制数之间的转换

八进制与十六进制数之间的转换可以通过二进制数作为中间桥梁,先转换为二进制数,再转换为八进制数或十六进制数。

1.3.4 原码、反码、补码

各种数值在计算机中的表示形式称为机器数,机器数采用二进制数来表示数据,数据的正负号也分别用0和1来表示。为了便于运算,带符号的机器数可采用原码、反码、补码、移码等编码方法。

注:以下规则均以机器字长为8(即采用8个二进制位来表示数据)来举例说明。

1) 原码

(1) 正数:如图1-5。先写上要表示的数据,符号位(首位)写上0,如果有空位则用0补上,如X=22=(10110)$_B$,则[X]$_原$=00010110。

(2) 负数:如图1-6。先写上要表示的数据,首位写上1,如果有空位则用0补上,如X=-27=(-11011)$_B$,则[X]$_原$=10011011。

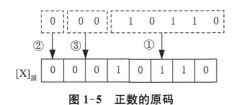

图1-5　正数的原码　　　　　　　图1-6　负数的原码

2) 反码

(1) 正数:反码等于原码,如X=10110,则[X]$_反$=[X]$_原$=00010110。

(2) 负数:如图1-7,在原码的基础上,符号位(首位)不变,其他位按位取反(0变成1,1变成0),如X=(-11011)$_B$,则[X]$_原$=10011011,[X]$_反$=11100100。

3) 补码

(1) 正数:补码等于原码和反码,如X=(10110)$_B$,则[X]$_补$=[X]$_反$=[X]$_原$=00010110。

(2) 负数:在反码的基础上,让反码加1,如X=(-11011)$_B$,则[X]$_原$=10011011,[X]$_反$=11100100,[X]$_补$=11100101。

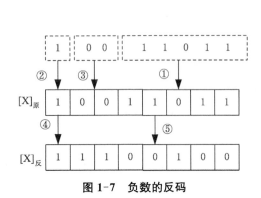

图 1-7　负数的反码　　　　　　图 1-8　负数的补码

1.3.5　字符数据编码

字符包括西文字符和汉字字符。字符编码的方法很简单,首先确定需要编码的字符总数,然后将每个字符按顺序编号,编号值的大小无意义,仅作为识别与使用这些字符的依据。

1) 西文字符

计算机中的数据都是用二进制编码表示的,用以表示字符的二进制编码称为字符编码。计算机中最常用的字符编码是 ASCII(American Standard Code for Information Interchange,美国信息交换标准码),被国际标准化组织指定为国际标准。ASCII 码有 7 位码和 8 位码两种版本。国际通用的是 7 位 ASCII 码,用 7 位二进制数表示一个字符的编码,共有 $2^7=128$ 个不同的编码值,相应可以表示 128 个不同字符的编码,如表 1-4 所示。

表 1-4 中对大小写英文字母、阿拉伯数字、标点符号及控制字符等特殊符号规定了编码,表中每个字符对应一个数值,称为该字符的 ASCII 码值。其排列次序为 $b_6 b_5 b_4 b_3 b_2 b_1 b_0$,$b_6$ 为最高位,b_0 为最低位。

表 1-4　7 位 ASCII 码表

	000	001	010	011	100	101	110	111
0000	NUL	DLE	SP	0	@	P	`	p
0001	SOH	DC1	!	1	A	Q	a	q
0010	STX	DC2	"	2	B	R	b	r
0011	ETX	DC3	#	3	C	S	c	s
0100	EOT	DC4	$	4	D	T	d	t
0101	ENQ	NAK	%	5	E	U	e	u
0110	ACK	SYN	&	6	F	V	f	v
0111	BEL	ETB	'	7	G	W	g	w

(续表)

	000	001	010	011	100	101	110	111
1000	BS	CAN	(	8	H	X	h	x
1001	HT	EM	)	9	I	Y	i	y
1010	LF	SUB	*	:	J	Z	j	z
1011	VT	ESC	+	;	K	[	k	{
1100	FF	FS	,	<	L	\	l	|
1101	CR	GS	-	=	M	]	m	}
1110	SO	RS	.	>	N	∧	n	~
1111	SI	US	/	?	O	—	o	DEL

从 ASCII 码表中可以看出,有 34 个非图形字符(又称为控制字符)。例如:

SP(Space)的编码是 0100000　　　　　　　空格
CR(Carriage Return)的编码是 0001101　　　回车
DEL(Delete)的编码是 1111111　　　　　　 删除
BS(Backspace)的编码是 0001000　　　　　 退格

其余 94 个为可打印字符,也称为图形字符。在这些字符中,从小到大的排列有 0~9、A~Z、a~z,且小写字母比大写字母的码值大 32,即位 b_5 为 0 或 1,这有利于大、小写字母之间的编码转换。有些特殊的字符编码是容易记忆的,例如:

"a"字符的编码为 1100001,对应的十进制数是 97,则"b"的编码值是 98。
"A"字符的编码为 1000001,对应的十进制数是 65,则"B"的编码值是 66。
"0"数字字符的编码为 0110000,对应的十进制数是 48,则"1"的编码值是 49。

计算机的内容用一个字节(8 个二进制位)存放一个 7 位 ASCII 码,最高位置为 0。

2) 汉字编码

ASCII 码只对英文字母、数字和标点符号进行了编码。为了使计算机能够处理、显示、打印汉字字符,也需要对汉字进行编码。从汉字编码的角度看,计算机对汉字信息的处理过程实际上是各种汉字编码间的转换过程。这些编码主要包括汉字输入码(外码)、汉字机内码、交换码(国标码)等。

(1) 输入码(外码)

外码也叫输入码,是用来将汉字输入到计算机中的一组键盘符号。常用的输入码有拼音码、五笔字型码、自然码、表形码、认知码、区位码和电报码等,一种好的编码应有编码规则简单、易学好记、操作方便、重码率低、输入速度快等优点,每个人可根据自己的需要进行选择。

(2) 机内码

根据国标码的规定,每一个汉字都有了确定的二进制代码,在微机内部汉字代码都用机内码,在磁盘上记录汉字代码也使用机内码。

(3) 交换码(国标码)

计算机内部处理的信息,都是用二进制代码表示的,汉字也不例外。而二进制代码使用起来是不方便的,于是需要采用信息交换码。中国标准总局1981年制定了中华人民共和国国家标准《信息交换用汉字编码字符集——基本集》(GB 2312—80),即国标码。

区位码是国标码的另一种表现形式,把国标 GB 2312—80 中的汉字、图形符号组成一个 94×94 的方阵,分为 94 个"区",每区包含 94 个"位",其中"区"的序号由 01 至 94,"位"的序号也是从 01 至 94。94 个区中的位置总数为 8836 个(94×94),其中 6763 个汉字和 682 个图形字符中的每一个占一个位置后,还剩下 1391 个空位,这 1391 个位置空下来保留备用。

(4) 汉字的字形码

字形码是汉字的输出码,输出汉字时都采用图形方式,无论汉字的笔画多少,每个汉字都可以写在同样大小的方块中。通常用 16×16 点阵来显示汉字。

(5) 汉字地址码

汉字地址码是指汉字库中存储汉字字形信息的逻辑地址码。它与汉字内码有着简单的对应关系,以简化内码到地址码的转换。

第 2 章

Windows 10 操作系统

操作系统(Operating System,简称 OS)是配置在计算机硬件上的第一层软件,是对硬件系统的第一次扩充。它统一管理计算机资源,合理地组织计算机的工作流程,协调计算机系统各部分之间、系统与用户之间、用户与用户之间的关系。作为实现人和计算机软件交互的桥梁,操作系统伴随着计算机硬件的发展也在持续更新换代。微软公司开发的 Windows 操作系统采用图形界面的多任务工作方式,用户界面十分友好,易学易用,是目前广大计算机用户普遍使用的操作系统之一。本章将基于最新推出的 Windows 10 操作系统,从基本操作、文件及文件夹管理、系统环境管理与设置、系统维护和常用基本工具等方面入手,对其使用方法及技巧进行介绍。

2.1 Windows 的基本知识

操作系统是管理计算机硬件与软件资源的计算机程序,同时也是计算机系统的内核与基石。操作系统需要处理如管理与配置内存、决定系统资源供需的优先次序、控制输入设备与输出设备、操作网络与管理文件系统等基本事务。操作系统也提供了一个让用户与系统交互的操作界面。

操作系统的类型非常多样,不同机器安装的操作系统可从简单到复杂,可从移动电话的嵌入式系统到超级计算机的大型操作系统。许多操作系统制造者对它涵盖范畴的定义也不尽一致,例如有些操作系统集成了图形用户界面,而有些仅使用命令行界面,而将图形用户界面视为一种非必要的应用程序。目前使用广泛的操作系统有 Windows、Linux、Unix、Mac OS 等,其中,Windows 是使用最为广泛的操作系统之一。

Windows 操作系统是微软公司开发的操作软件,该系统从 1985 年诞生到现在,经过多年的发展完善,相对比较成熟稳定,是当前个人计算机的主流操作系统。Windows 操作系统具有人机操作互动性好,支持应用软件多,硬件适配性强等特点。目前推出的 Windows 10 系统相当成熟,共有家庭版、专业版、企业版、教育版、移动版、移动企业版和物联网核心版等七个发行版本,分别面向不同用户和设备。与以前的 Windows 版本相比,新增了更多的系统功能,提升了用户体验度,如平板模式、多桌面、开始菜单进化等等。

2.2 Windows 10 的基本操作

2.2.1 启动和退出

1) 启动 Windows 10

在计算机上成功安装了 Windows 10 操作系统以后,只需要打开计算机电源,计算机就会自动执行硬件检测并引导进行大量服务启动。正常情况下,引导是自动完成的,如果出现系统故障,用户可以中断正常的引导过程,使系统按照指定模式进行引导。Windows 10 成功启动后,屏幕上将显示登录界面(图2-1)。

图 2-1 Windows 10 登录界面

如果系统设置了多个用户,则在登录界面左下角有用户名称,点击相应用户名后,输入密码,按回车键即可登录。如果系统仅有一个登录用户且密码为空,则系统启动完毕后会自动登录为该用户。

2) 注销或更改用户

Windows 10 允许多个用户使用不同的账号登录,共同使用同一台计算机,每个用户可以根据自己的喜好自动设置桌面、主题等。用户可以根据需要锁定账号、退出账号或者切换至其他用户。单击"开始"按钮,在"开始"菜单中单击用户头像,弹出快捷菜单,其中可选项为"更改账户设置""锁定""注销"及其他用户头像,如图 2-2 所示。

图 2-2 用户操作

(1) 更改账户设置:可以对账户基本信息进行修改。

(2) 锁定:该功能可以防止他人在用户不在计算机旁擅自使用计算机。单击图 2-2 中"锁定"选项即可回到该用户登录界面,只有用户或管理员方可解除锁定。

(3) 注销:保存设置并关闭当前登录用户,用户不用重新启动计算机就可以登录其他用户账号。单击图 2-2 中"注销"选项即可。

(4) 切换用户:在不关闭当前用户打开的应用程序的基础上,切换到另一个用户。单击图 2-2 中其他用户头像即可。

3) 睡眠、关机或重启

单击"开始"按钮,在"开始"菜单中单击电源开关键 ⏻ ,弹出的快捷操作中有"睡眠""关机"和"重启"三个命令。

(1) 睡眠:该模式主要用于节省电源,用户无需重启计算机即可返回睡眠前的工作状态,使系统处于低能耗状态。当用户重新使用计算机时,能迅速退出睡眠状态。

(2) 关机:点击"关机"命令,用户可以关闭计算机(图2-3)。如果系统在自动更新过程中,切勿关闭电源,要耐心等候,否则会导致系统出现难以修复的故障。

(3) 重启:选择该命令将重新启动计算机。

4) 安全模式

安全模式(Safe Mode)是 Windows 操作系统中的一种特殊模式,是在不加载第三方设备驱动程序的情况下启动电脑,使电脑运行在系统最小模式,这样用户就可以方便地检测与修复计

图 2-3 关机

算机系统的错误。Windows 10 系统进入安全模式的方法很多,这里给出通过修改系统配置来进入安全模式的方法。

打开操作系统后,同时按下键盘组合快捷键(以下简称"快捷键")"Win+R",在弹出的"运行"对话框中输入"msconfig",然后点击"确定"按钮。如图 2-4 所示。

在打开的"系统配置"对话框中点击"引导"标签,在该标签页中选中"安全引导"复选框,如图 2-5(a)所示。大多数情况下,"安全引导"下面的按钮中只选择默认的"最小"按钮即可,如果计算机出现了问题,选择"最小"可以最大程度地帮我们定位问题;如果需要别人的远程帮助,可以选择"网络"按钮。点击"应用"按钮后点击"确定"按钮。这时,"系统配置"的大对话框消失了,弹出来一个小对话框,如图

图 2-4 "运行"对话框

2-5(b)所示。如果需要立刻进入安全模式,可以点击"重新启动"按钮,系统会立刻重新启动;如果点击"退出而不重新启动"按钮,系统不会立刻重新启动,而是在用户重新启动系统的时候,才自动进入安全模式。

(a)

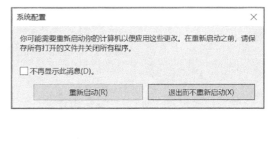

(b)

图 2-5 "系统配置"对话框

有一点要注意,在以这种方式进入安全模式之后,"安全引导"复选框还是被选中的,也就是说,我们以后重新启动电脑也都是进入安全模式,我们需要在安全模式的环境下重复上述步骤,但是要把"安全引导"复选框给取消选中,这样,电脑下次重新启动时,就不会进

入安全模式了。

2.2.2 鼠标的使用

鼠标是计算机的一种输入设备,是计算机显示系统纵横坐标定位的指示器。鼠标可以控制显示器上的指针(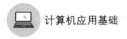),其准确的定位和直观的显示方式使得计算机的常用操作变得更加便捷。鼠标有5种基本操作,以实现不同的功能,如表2-1所示。

表2-1 鼠标的基本操作

鼠标操作	操作方法
左键单击	将指针指向对象,快速按一下鼠标左键,也称左击、单击
右键单击	将指针指向对象,快速按一下鼠标右键,也称右击
左键双击	快速连续两次按下鼠标左键,也称双击
指向	移动鼠标指针到显示器的一个特定位置或指定对象
拖曳	选定待拖曳对象后按住鼠标左键不放,移动到目的地再松开左键

在 Windows 环境下,当用户进行不同的操作,或者系统处于不同的运行状态时,鼠标指针会随之变为不同的形状,每种形状表达了不同的含义。在 Windows 10 中设置了多个鼠标形状,通过在 Windows 设置中选择"设备"(如图 2-6(a)),并进入"鼠标"页面(如图 2-6(c)),或者在 Windows 设置中的搜索框中输入关键词"鼠标"(如图 2-6(b)),选择"鼠标设置",同样可以进入"鼠标"页面,在此页面中选择"其他鼠标选项"进入"鼠标属性"窗口(如图 2-6(d)),在"指针"标签页中可以查看鼠标的形状及含义,具体如表 2-2 所示。

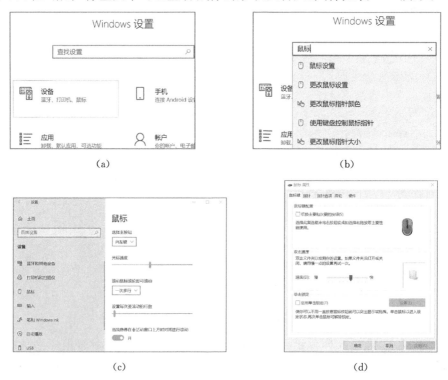

图 2-6 进入鼠标页面

表 2-2 常见鼠标指针的形状及含义

形状	含义	形状	含义
↖	正常选择	↔	水平调整大小
↖?	帮助选择	↘	沿对角线调整大小1
↖○	后台运行	↗	沿对角线调整大小2
○	忙	✥	移动
+	精确选择	↑	候选
I	文本选择	☞	链接选择
✎	手写	☞	位置选择
⊘	不可用	☞	个人选择
↕	垂直调整大小		

2.2.3 认识桌面

登录 Windows 10 后,在显示器上出现的画面我们称之为"桌面",桌面由桌面背景、桌面图标、任务栏和"开始"按钮组成,如图 2-7 所示。

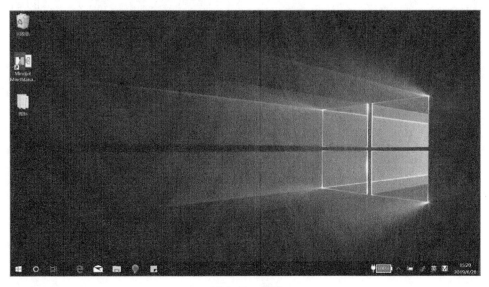

图 2-7 桌面

(1) 桌面背景:在桌面上平铺显示的图片即为桌面背景,该图片可以根据用户喜好进行修改,在桌面空白处右击打开快捷菜单,选择"个性化",在打开的功能页面中进行设置(图 2-8)。

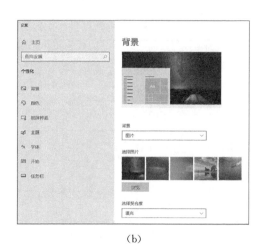

(a) (b)

图 2-8　修改桌面背景

(2) 桌面图标：Windows 操作系统中，所有的文件、文件夹、应用程序等都由形象化的图标来表示，放置在桌面上的图标称为桌面图标，图标下方文字为该对象的名称。双击图标可以快速打开相应文件、文件夹或应用程序。

(3) 任务栏：任务栏是一个长条形区域，默认位于屏幕的最下方，它是启动操作系统下所有程序的入口，同时显示已打开窗口的程序图标及常用系统图标，如图 2-9 所示。任务栏可以根据用户使用习惯进行个性化调整（各部分功能详见 2.2.5 节）。

图 2-9　Windows 10 的任务栏

(4) "开始"按钮：单击任务栏最左侧"开始"按钮 ⊞ 或键盘上的 Windows 徽标键 ⊞，可以打开"开始"屏幕，里面包括电源、用户信息、常用应用程序列表及快捷选项等（详见 2.2.6 节）。

2.2.4　桌面的基本操作

1) Windows 设置界面

在设置 Windows 系统时，我们经常会用到"Windows 设置"，其打开方式有很多种，这里列举几种。

(1) 单击桌面 Windows 图标 ⊞，点击 ⚙ 图标后打开"Windows 设置"界面，如图 2-10(a)(b)所示。

(2) 使用快捷键"Win+I"，打开"Windows 设置"界面。

(3) 当用户已经进入了某一个设置功能页面，如在桌面右击，在弹出的快捷菜单中选择了"个性化"，则可以在打开的页面中单击左上角 ⌂ 主页 图标，如图 2-10(c)所示，即可以进入"Windows 设置"界面。

(a) (b) (c)

图 2-10　进入"Windows 设置"界面的方式

2) 添加常用系统图标

刚装好的 Windows 10 系统,桌面上只有"回收站"和"Microsoft Edge"两个桌面图标,用户可以根据需要添加其他系统图标。在桌面空白处右击,在弹出的快捷菜单中选择"个性化",在左侧栏中找到"主题"选项卡,在右侧的页面中单击"桌面图标设置"链接,在弹出的对话框中选中"允许主题更改桌面图标"前的复选框,单击"确定",即可在桌面上添加选中的系统图标,如图 2-11(a)(b)所示。

(a) (b)

图 2-11　添加系统图标

3) 添加桌面快捷图标

为了方便用户使用,可以将一些文件、文件夹或应用程序的快捷图标添加到桌面上,用户双击图标即可快速打开对象。

(1) 添加文件或文件夹桌面快捷图标

在需要添加快捷方式的文件或文件夹图标上右击,在弹出的快捷菜单中选择"发送到"→"桌面快捷方式",如图 2-12(a)所示,即可在桌面上添加该对象的快捷方式,在图标的左下角会有箭头标示。如图 2-12(b)所示。

(a)   (b)

图 2-12 添加文件或文件夹快捷图标

（2）添加应用程序桌面快捷方式

有时用户会高频次地使用一些应用程序，为了快速打开程序，可以在桌面添加快捷方式。下面以"画图 3D"应用程序为例来介绍。单击"开始"按钮，在打开的所有应用中找到"画图 3D"，按住左键不放，拖曳到桌面，如图 2-13(a)(b)所示，返回桌面就可以看到如图 2-13(c)所示快捷图标。

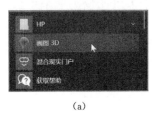 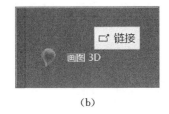 

(a)   (b)   (c)

图 2-13 添加应用程序快捷图标

4）删除桌面快捷图标

删除桌面快捷图标的方法有以下几种，用户可以自行选择：

方法一：在快捷图标上右击，在弹出的快捷菜单中选择"删除"，此时快捷方式被放置到"回收站"中，还可以被还原，如图 2-14(a)所示。

方法二：单击要删除的快捷图标，按"Delete"键，即可删除。如果想彻底删除，则在按"Delete"键的同时按下"Shift"键，在弹出的"删除快捷方式"对话框中选择"是"，如图 2-14(b)所示。

方法三：选择要删除的桌面快捷图标，按住左键不放，拖曳到"回收站"图标上后松开左键即可，如图 2-14(c)所示。

(a)   (b)   (c)

图 2-14 删除快捷图标

2.2.5 Windows 任务栏

任务栏包括"开始"按钮、快速启动区、通知区等。在任务栏空白处右击,会出现如图 2-15 所示常用设置,如果要进行更为详细的设置,可以选择菜单最下面的"任务栏设置",打开如图 2-16 所示的页面,并对相关功能进行个性化设置。

图 2-15 任务栏常用设置

图 2-16 任务栏设置页面

(1)"开始"按钮:单击 ▦ 按钮,可以打开"开始"屏幕,详细内容见 2.2.6 节。

(2)"Cortana"按钮:Cortana(中文名:微软小娜)是微软发布的全球第一款个人智能助理。它"能够了解用户的喜好和习惯","帮助用户进行日程安排、问题回答等"。在任务栏常用设置中,可以设置其显示为图标 ◯ 或搜索框 ▭,这里以图标为例。单击 ◯ 按钮,以文字或语音方式在搜索栏输入待查询的内容,Cortana 就可以从应用、文档、网页等多个选项中进行搜索。如图 2-17 所示。

图 2-17 Cortana 界面

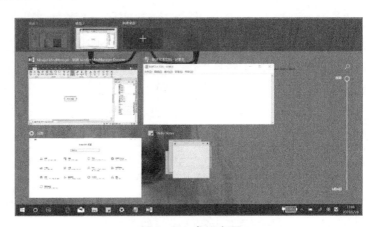

图 2-18 虚拟桌面

(3)"任务视图"按钮:Windows 10 在 2018 年 5 月新增了任务视图功能,也称之为虚拟桌面,这个功能可以让用户建立多个桌面,每个桌面上可以运行不同的程序,从而使用户在工作中更有条理性。单击 按钮,或使用快捷键"Win+Tab",可以打开任务视图。在该视图中,可以新建桌面,在不同的桌面下,用户可以从日程表中找到最近运行的活动,点击查看即可返回到该活动中。虚拟桌面界面如图 2-18 所示。

(4) 快速启动区:快速启动区除了任务视图外,我们常用的程序图标可以固定在快速启动区内,不使用的可以取消。单击"开始"按钮,选择待加入快速启动区的程序并右击,在弹出的快捷菜单中选择"更多"→"固定到任务栏"选项,如图 2-19 所示。此时在快速启动区就增加了该程序图标,单击即可快速启动程序。如果要删除不常用的程序图标,右击该程序图标,在弹出的快捷菜单中选择"从任务栏取消固定"即可,如图 2-20 所示。

图 2-19 增加快速启动程序

图 2-20 删除快速启动程序

(5) 通知区域:该区域中主要显示的是电源、输入法、音量等系统图标及一些通信程序,如 QQ、WeChat 等。选择哪些图标放置在通知区域,可以通过在任务栏设置页面单击"选择哪些图标显示在任务栏上"及"打开或关闭系统图标"选项进行设置,如图 2-21 所示。

图 2-21 设置通知区域图标显示

(6) 显示桌面:当用户打开了多个窗口,要想快速返回桌面时,可以在任务栏空白处右击,在打开的快捷菜单中选择"显示桌面"即可;或者在任务栏右侧末端(时间右侧竖线旁空白处)单击,也可快速返回桌面,再次单击可回到原来的界面。用户还可以将鼠标放置在任务栏末端,即可临时显示桌面,鼠标离开该区域,则回到原来界面。

2.2.6 "开始"屏幕

在 Windows 10 操作系统中,"开始"屏幕(Start Screen)取代了原有的"开始"菜单。单击桌面左下角的"开始"按钮 ,可弹出工作界面,该界面主要由"展开"按钮、固定项目列表、应用列表和动态磁贴面板等组成。如图 2-22(a)所示。

(1) 展开:单击左上角 按钮,可以展开所有固定项目列表,该列表中包含了多个按钮,如"用户""文档""图片""设置"及"电源"等,可以通过"设置"→"个性化"→"开始",来选择哪些文件夹显示在"开始"菜单上。如图 2-22(b)所示。

(2) 应用列表:在该列表中,显示了计算机中所有安装的应用,通过鼠标的上下滚动或右侧的移动条,可以浏览列表。

(3) 动态磁贴面板:磁贴可以及时反映应用的更新信息及动态,如实时显示天气情况、应用程序更新状态等,同时单击磁贴可快速打开应用程序。根据用户需要,可以在应用程序列表中选择程序,右击后固定到"开始"屏幕,即增加磁贴;或者在磁贴上右击程序,取消固定,即取消磁贴。如图 2-22(c)所示。

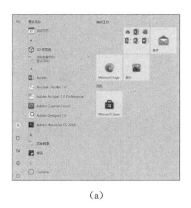

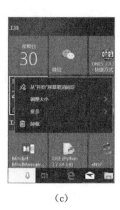

(a)　　　　　　　　　　(b)　　　　　　　(c)

图 2-22　"开始"屏幕界面

2.2.7　窗口

在 Windows 10 操作系统中,窗口是用户与应用程序之间交互的一个可视界面,是用户界面中最重要的部分。每个窗口显示和处理某一类信息,用户可以在任一个窗口工作,且可以在不同的窗口间交换信息。图 2-23 显示的是一个标准的文件夹窗口,由标题栏、地址栏、工具栏、导航窗口、内容窗口、搜索框和状态栏等部分组成。

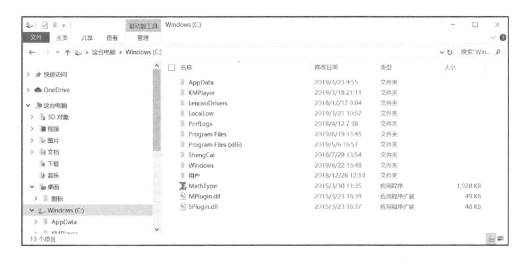

图 2-23　设置通知区域图标显示

用户运行一个新的应用程序时,就会打开一个新的窗口,当操作窗口中的对象则会有对应的反应。关闭窗口可以终止一个程序运行,选择不同的窗口则选择了相应的应用程序。

1) 打开窗口

打开窗口常用方法为利用"开始"菜单和桌面快捷方式。下面以打开 Microsoft Excel 应用程序为例进行说明。

方法一:利用"开始"菜单。单击"开始"按钮,在"所有应用"中找到该应用程序,单击即可打开。如果要快速定位,可以单击任一字母,如"A",在搜索列表中单击程序首字母"M",则可直接定位到以 M 开头的程序名称列表,单击"Microsoft Office",在其下拉列表中单击"Microsoft Excel 2010",如图 2-24(c)所示,即可打开该应用程序,如图 2-25 所示。

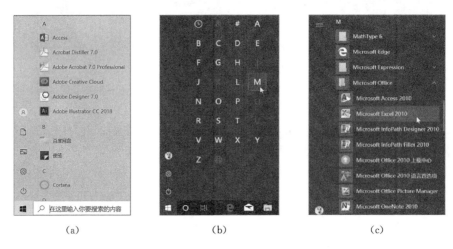

图 2-24 使用"开始"菜单打开程序

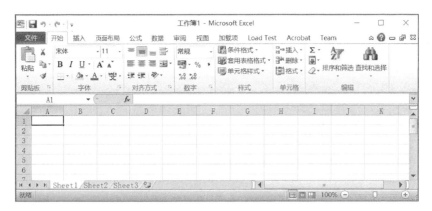

图 2-25 Microsoft Excel 2010 窗口

方法二:使用桌面快捷图标。如果在桌面上已经增加了快捷图标,则双击该图标即可打开对应应用程序。或者在图标上右击,从打开的快捷菜单中选择"打开",也可以打开该应用程序。

2) 关闭窗口

窗口使用完毕后可以通过关闭窗口退出程序。

方法一：利用菜单命令。在程序窗口选择"文件"选项卡，在弹出的菜单中选择"关闭"。如图 2-26(a)所示。

方法二：利用标题栏。在标题栏上右击，在弹出的快捷菜单中选择"关闭"即可。如图 2-26(b)所示。

方法三：利用"关闭"按钮。在窗口右上角单击"关闭"按钮即可关闭窗口。如图 2-26(c)所示。

方法四：利用任务栏。在任务栏上选择待关闭程序并右击，在弹出的快捷菜单中选择"关闭窗口"即可，如图 2-26(d)所示。

方法五：利用软件图标。有的窗口打开后，在上方标题栏最左侧有一个程序图标，单击该图标，在弹出的快捷菜单中选择"关闭"选项即可。如图 2-26(e)所示。

方法六：使用快捷键"Alt+F4"，可关闭当前活动窗口。

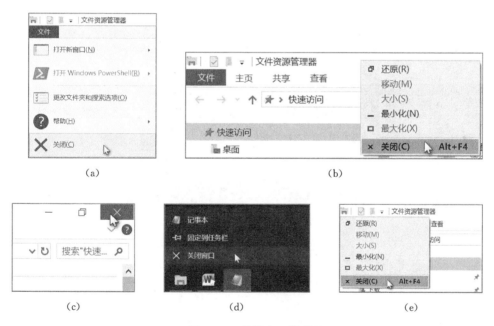

图 2-26 关闭窗口的方法

3) 调整窗口大小

窗口可以根据用户需要随意改变大小，以调整到合适的尺寸。

方法一：利用窗口按钮。程序窗口右上角的按钮包括"最小化""最大化/还原""关闭"按钮。单击"最大化"按钮□，则窗口满屏显示；单击"最小化"按钮—，窗口最小化到任务栏上，只要单击任务栏上的图标就可重新显示窗口；当窗口最大化时，第二个按钮为"还原"□，单击"还原"按钮，窗口可还原到原来大小。

方法二：当窗口不是最小化和最大化时，可以通过鼠标拖曳窗口边框来调整大小。将鼠标放置在窗口四个顶角处，待指针形状变成↖或↗时，按住鼠标左键拖动到合适大小松开鼠标即可。如果只调整宽度或者高度,可将鼠标放置在左右两侧边缘或上下边缘,待指针形状变成⇔或↕时,按住鼠标左键拖动调整即可。

方法三:在窗口标题栏双击,可在"最大化"和"还原"之间切换。

4) 切换窗口

Windows 系统中,用户可以打开多个窗口,但当前窗口只有一个,所以会经常切换使用。

方法一:利用任务栏。每个打开的程序在任务栏会有对应的图标显示,同一类应用程序仅用一个图标,如多个文件夹用一个文件夹图标,当把鼠标放置在图标上时会弹出所有该类别程序的预览窗口,单击一个预览窗口则打开该窗口。如图 2-27 所示。

图 2-27 预览窗口

方法二:使用快捷键"Alt+Tab"。该组合键可以快速实现各个窗口之间的切换。按住"Alt"键不放,然后按"Tab"键可以在不同窗口间切换,松开按键即可打开所选择的窗口。如图 2-28 所示。

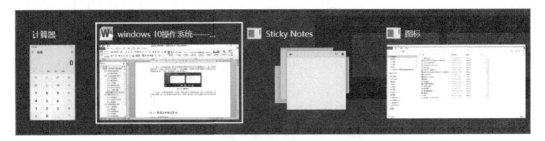

图 2-28 使用快捷键"Alt+Tab"切换窗口

方法三:使用任务视图。单击任务视图按钮,在弹出的页面中选择要使用的窗口。

方法四:使用快捷键"Alt+Esc"。该组合键可以在各个窗口间依次切换,较方法二而言耗费时间。

2.3 管理文件和文件夹

2.3.1 资源管理器

资源管理器显示了本地计算机上文件、文件夹和其他资源的分层结构。用户可以在资源管理器中复制、移动、重命名、搜索文件或文件夹。

1) 启动

启动"文件资源管理器"的方法有:

方法一：单击"开始"，选择"所有程序"→"Windows 系统"→"文件资源管理器"。如图 2-29(a)所示。

方法二：在任务栏快速启动区中，右击文件夹图标，从弹出的快捷菜单中选择"文件资源管理器"。如图 2-29(b)所示。

方法三：在"开始"按钮上右击，选择弹出的快捷菜单中的"文件资源管理器"。如图 2-29(c)所示。

方法四：在桌面上建立"文件资源管理器"的快捷方式，双击快捷图标即可。

 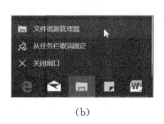 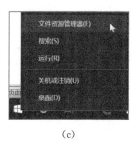

(a)　　　　　　　　　　　(b)　　　　　　　　　　　(c)

图 2-29　启动"文件资源管理器"的方法

2）窗口组成

资源管理器的窗口与文件夹窗口大同小异，刚启动时，左侧文件夹窗口用树状形式显示所有磁盘、文件夹列表，右侧窗口显示"快速访问"列表和最近使用文件。如图 2-30 所示。

（1）"快速访问"列表中可以增加新的对象。右击待加入对象，在弹出的快捷菜单中选择"固定到'快速访问'"，即可将该对象增加到"快速访问"列表，如图 2-31 所示。

（2）在文件夹列表中单击右箭头 ＞ 可以展开下一级树状结构，右箭头变为下箭头 ⌄ 。如果文件夹窗口选择了某一文件夹，则右侧窗口中显示所选定文件夹中的内容。

（3）当鼠标放置在左右两个区域中间的分割线上并显示为 ⇔ 形状时，可以通过鼠标拖动改变左右窗口的相对大小。

（4）资源管理器提供最近使用的文件列表，默认显示为 20 个，用户可以通过最近使用的文件列表快速打开文件。

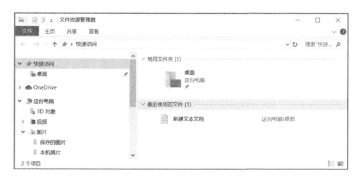 

图 2-30　资源管理器　　　　　　　　　　图 2-31　增加"快速访问"对象

2.3.2 文件和文件夹管理

文件是操作系统用来存储和管理信息的基本单位。文件按名存取,每个文件必须有一个确定的名字。完整的文件名由"文件名"+"."+"扩展名"组成,如:File.txt。文件夹也叫目录,是文件的集合,文件夹中可以包含多个文件和/或子文件夹。在同一个文件夹中不能有同名文件或文件夹。

文件路径是指文件在计算机中的具体位置,是操作系统寻找文件的路线。如果要表示E盘picture文件夹下子文件夹number中的文件star.jpg,那么文件完整的路径可表示为:E:\\picture\\number。

1) 新建文件/文件夹

(1) 新建文件:在文件夹窗口空白处右击,在弹出的快捷菜单中选择"新建",从下拉菜单中单击要新建文件的类型,如文本文档,则在该文件夹内新建了一个文本文档,其文件名处于编辑状态,可以输入文件名称,完成新建。如图2-32所示。

(2) 新建文件夹:方法同新建文件,在文件夹窗口空白处右击,选择"新建"→"文件夹"即可。

(a)　　　　　　　　　　　　　　(b)

图 2-32　新建文件/文件夹

2) 复制和移动文件/文件夹

当需要对一些文件进行备份时,需要用到复制功能,此时目标位置和原位置都会有相同的文件/文件夹。复制文件/文件夹的方法有:

方法一:选择要复制的文件/文件夹,右击后在快捷菜单中选择"复制",然后在目标位置右击,在快捷菜单中选择"粘贴"。

方法二:选择要复制的文件/文件夹,按住"Ctrl"键拖曳到目标位置。

方法三:选择要复制的文件/文件夹,按住鼠标右键不放,将其拖曳到目标位置,从弹出的快捷菜单中选择"复制到当前位置"。

方法四:选择要复制的文件/文件夹,使用快捷键"Ctrl+C"复制,在目标位置使用快捷键"Ctrl+V"粘贴。

当需要将文件/文件夹移动到其他地方时执行移动命令,此时原文件/文件夹消失,存放在目标位置。移动文件/文件夹的方法有:

方法一：选择要移动的文件/文件夹，右击后在弹出的快捷菜单中选择"剪切"，然后在目标位置右击，在快捷菜单中选择"粘贴"。

方法二：选择要移动的文件/文件夹，使用快捷键"Ctrl＋X"剪切，在目标位置使用快捷键"Ctrl＋V"粘贴。

3) 删除文件/文件夹

删除文件/文件夹的方法有：

方法一：选择要删除的文件/文件夹，按"Delete"键即可删除，该文件/文件夹放置于回收站中，用户还可以恢复。如果要永久删除，则按"Shift＋Delete"，此举要慎重，避免对重要文件/文件夹误操作。

方法二：选择要删除的文件/文件夹，右击后选择快捷菜单中的"删除"选项。

方法三：选择要删除的文件/文件夹，单击"主页"选项卡"组织"组中的"删除"按钮，也可以单击下三角箭头，选择"回收"或"永久删除"。如图 2-33 所示。

图 2-33　删除文件/文件夹

4) 搜索文件/文件夹

当用户忘记文件/文件夹的位置，只知道其名称时，可以使用搜索功能。打开"文件资源管理器"，单击左侧窗格中 D 盘(software)，设置搜索范围，在搜索文本框中输入搜索关键字，如"序列号"，此时系统开始搜索 D 盘所有含有"序列号"的文件，如图 2-34 所示。如果要限定文件/文件夹的其他属性，可以在"搜索"选项卡中进行设置。

图 2-34　搜索文件

5) 查看、更改文件/文件夹属性

选定文件/文件夹后,右击该对象,在弹出的快捷菜单中选择最下方的"属性",或者直接在"主页"选项卡中单击"属性",打开文件/文件夹属性窗口。该窗口显示有关文件或文件夹的信息,如文件类型、位置、大小、文件是否只读、隐藏等。用户可以在这个窗口修改属性。

图 2-35 文件属性

图 2-36 文件夹属性

2.4 系统环境管理与设置

2.4.1 控制面板

Windows 在系统安装时,一般给出了系统环境的最佳设置,但是用户也可以对系统环境中的各个对象参数进行调整设置。控制面板提供了丰富的工具来调整计算机设置,如系统和安全、网络和 Internet、硬件和声音等等。

单击"开始"→"应用程序"→"Windows 系统"→"控制面板",打开控制面板,如图 2-37

图 2-37 打开控制面板

所示。窗口中按照功能类别分成了不同项目,单击某个项目可以进入项目页面,这里给出"系统和安全""程序"的页面示例,如图 2-38 所示。

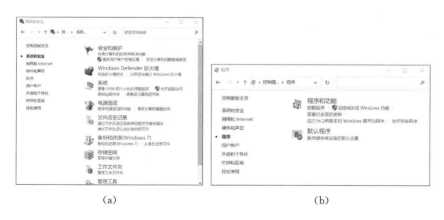

(a)　　　　　　　　　　　　(b)

图 2-38　控制面板项目示例

2.4.2　安装卸载程序

Windows 系统的主要职责是对硬件、计算资源进行监管,提供一些基本的应用软件服务,这些应用不一定完全满足用户需求,此时需要安装一些应用程序,用户也可以删除一些不常用的程序。

1) 安装程序

用户可以通过光盘或者网络安装包进行应用程序安装,一般在安装过程中会有安装向导,一步一步引导用户将应用程序安装完毕。

2) 删除程序

有些应用程序提供了快捷卸载功能,单击"开始"→"所有程序"→待删除应用程序→"卸载(Uninstall)"即可;或者右击待删除应用程序,单击快捷菜单中的"卸载"选项。有的程序没有提供卸载功能,那么可以在控制面板的"程序"窗口中单击"卸载程序"链接,如图 2-38(b)所示,在打开的界面中选择待卸载的应用程序,单击上方"卸载"按钮,或者右击选择"卸载"。

2.4.3　显示属性

对于计算机的显示效果,用户可以进行个性化设置,如计算机屏幕分辨率、设置锁屏界面、设置屏幕保护程序等等。

1) 设置桌面背景

在桌面空白处右击,在弹出的快捷菜单中选择"个性化"选项。在"背景"项中,可以选择图片、纯色、幻灯片放映等多种方式。

如果选择图片,在单击某一背景图案后,上方会有效果预览。如图 2-39(a)所示。

如果选择纯色,可以在下方色块中选择其中一种,或者自定义,如图 2-39(b)所示。

如果选择幻灯片放映,则可以为幻灯片选择相册,并设置切换频率及播放顺序等,如图 2-39(c)所示。

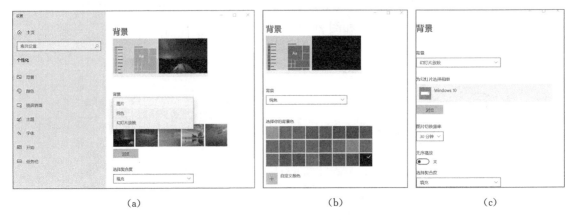

图 2-39　设置桌面背景

2）设置锁屏界面

锁屏功能主要用于保护电脑的隐私安全，可以在不关机的情况下省电，其使用的图片即为锁屏界面。在"个性化"面板中选择"锁屏界面"，可以选择 Windows 聚焦、图片、幻灯片放映等方式，如图 2-40 所示。同时还可以选择要显示快速状态的应用、屏幕超时设置及屏幕保护程序设置。

在一段时间没有鼠标或键盘活动时，计算机屏幕上出现活动图片或动画的方式是屏幕保护程序，其最初是为了保护显示器免遭损坏，现在主要是为了个性化计算机并提供密码保护来增强计算机安全性。如图 2-41 所示，可以设置保护程序类型、等待时间及是否显示登录界面等。

图 2-40　锁屏界面设置

图 2-41　屏幕保护程序设置

3）设置 Windows 显示属性

在桌面空白处右击，在打开的快捷菜单中选择"显示设置"，在打开的窗口中，可以调整计算机屏幕的亮度和颜色、更改文本应用等项目的大小、调整分辨率及显示方向。如图 2-42 所示。

分辨率是指屏幕上显示的文本和图像的清晰度。分辨率越高，项目显示越清晰，同时屏幕上的项目越小，可容纳的项目数量越多，反之则图标越大、数量越少。如图 2-43 所示。

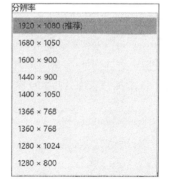

图 2-42　显示属性设置界面　　　　图 2-43　分辨率可选项

2.4.4　用户账户管理

1）用户账户设置

在 Windows 设置界面中选择"账户",进入账户设置窗口。在账户设置窗口下,可以查看和修改相关信息,界面如图 2-44 所示,具体功能如下:

- 在"账户信息"选项下,查看账户信息,并创建用户登录头像;
- 在"电子邮件和应用账户"选项下,可以添加和管理电子邮件、日历和联系人信息;
- 在"登录选项"选项下,可以设置指纹信息、人脸识别信息,设置或更改密码等;
- 在"连接工作或学校账户"选项下,可以获取对资源的访问权限。

图 2-44　账户设置选项

2）创建新账户

在工作和学习中，可能涉及在同一个系统下设置多个账户，用户可以进入不同的用户界面进行操作。在 Windows 10 中，可以通过以下方式创建新用户。在账户设置选项中选择"家庭和其他用户"，点击右侧"将其他人添加到这台电脑"，如图 2-45(a)所示。根据引导，建立新账户，添加了新用户后的界面如图 2-45(b)所示。

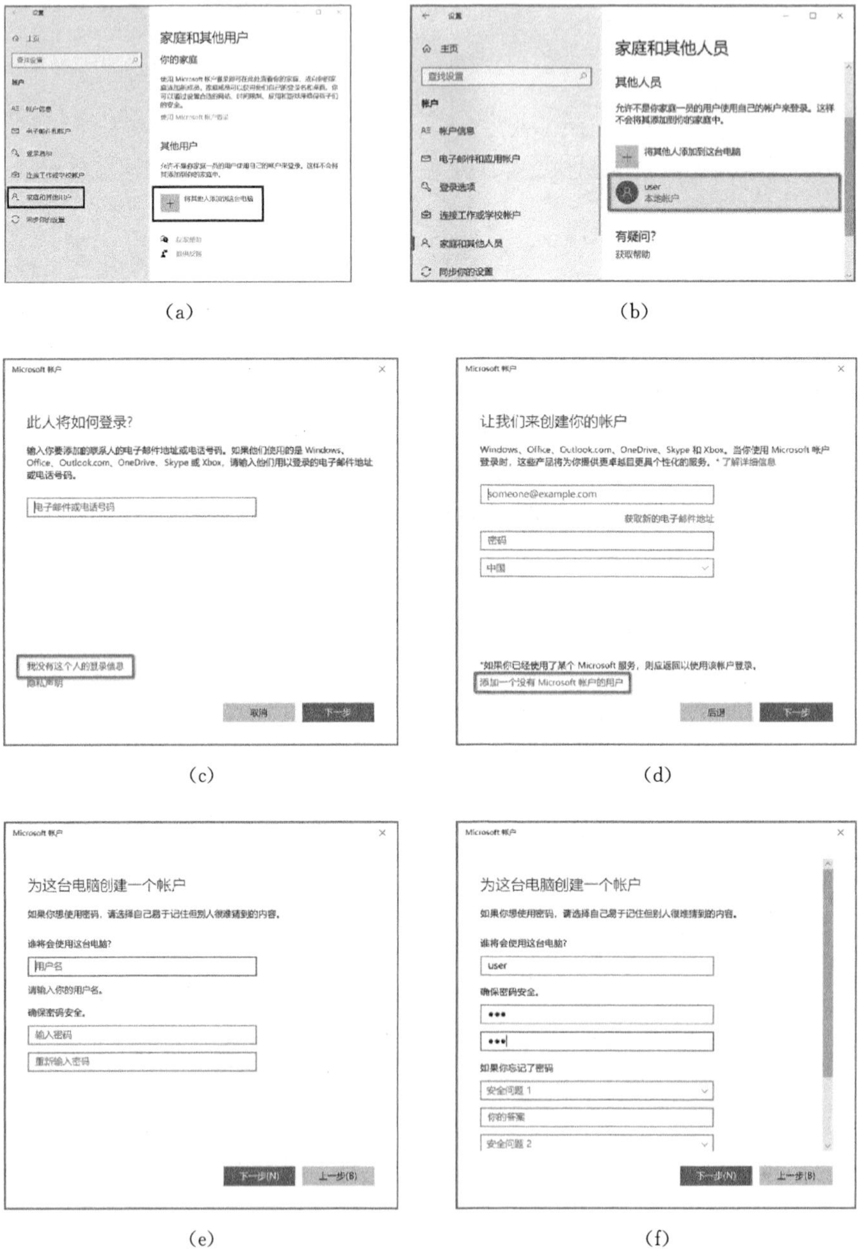

图 2-45 创建新账户

在引导中，会要求管理员使用 Microsoft 账户设立账号，如果没有 Microsoft 账户，可以选择"我没有这个人的登录信息"，在下一步选择"添加一个没有 Microsoft 账户的用户"，然后设置用户名、密码和安全提示问题，从而完成账户创建。如图 2-45(c)、(d)、(e)、(f)所示。

第一个添加到计算机的用户会被系统自动指派为计算机管理员账户，指派给账户的名称和头像就是将出现在登录界面和"开始"菜单上的名称，如图 2-46 所示。

3) 删除用户账户

当系统中某一用户不再需要时，可以删除该用户账户。在"家庭和其他人员"选项中，单击想要删除的用户名字，在出现的选项中选择"删除"，在确认对话框中单击"删除账户和数据"即可。如图 2-47 所示。

图 2-46　账户区

(a)

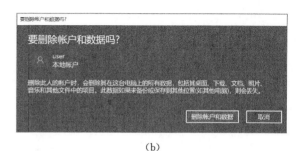

(b)

图 2-47　删除账户

2.5　系统维护和常用基本工具

Windows 系统中带有一些常用的系统工具和使用软件，在"开始"菜单中"所有程序"下，有"Windows 附件""Windows 管理工具"等，如图 2-48 所示。根据需要，用户可以在列表中选择对应功能，这里给出一些常用工具的使用方法。

2.5.1　画图

虽然目前市面上有很多专业的图像处理软件，但是

图 2-48　Windows 菜单栏

Windows 画图程序操作起来简单快捷，具备一般绘图软件所必需的基本功能，在实际中经常被用到。

单击"开始"，在程序栏单击"Windows 附件"→"画图"。打开的界面如图 2-49 所示。该程序除了有标题栏、状态栏、滚动条等普通窗口必备元素外，在窗口的顶部还有功能区显示，在主页标签下显示了剪贴板、图像、工具、刷子、形状、粗细、颜色等功能模块，用户可以更方便更直接地使用，减少了反复打开菜单项的操作。

利用画图程序可以编辑、处理图片,加文字说明,支持裁剪、翻转、拉伸、复制、粘贴等操作。工具有画笔、吸管、填充、线框、刷子等,使用左右键还可以选择不同颜色进行编辑。

画图程序可以将编辑好的图片存储为.bmp、.jpg、.gif、.tif、.png 等格式,实现了不同图形格式的转换。

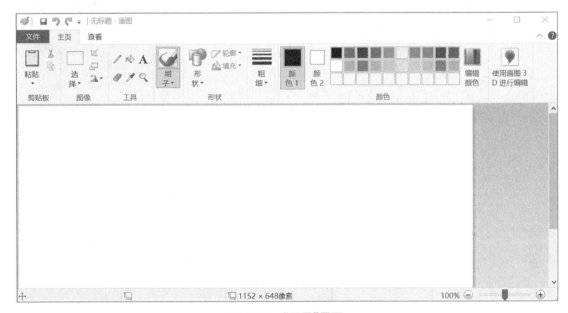

图 2-49 "画图"界面

2.5.2 记事本

记事本是 Windows 自带的应用程序,其采用一个简单的文本编辑器进行文字信息的记录和存储,适合于编写篇幅短小的文件。与 Microsoft Word 相比,记事本的功能薄弱,它只具备最基本的编辑功能,所以体积小巧,启动快,占用内存低,容易使用。记事本只能处理纯文本文件,其存储文件的扩展名为.txt,属性没有任何格式标签或者风格,由于许多格式源代码都是纯文本的,所以记事本也成为了使用最多的源代码编辑器。

1) 打开、保存和退出

单击"开始",在程序栏单击"Windows 附件"→"记事本",打开的记事本界面如图 2-50所示。在"文件"菜单中,可以选择新建文件、打开已有文件、保存当前文件、将当前文件另存为其他文件等功能,如图 2-51 所示。如果要退出记事本,点击右上角的 X 按钮即可,如果关闭前未保存,会弹出对话框询问是否保存更改。

2) 文档编辑

在记事本中,可以通过复制、剪切、粘贴等操作快速编辑文档。菜单如图 2-52 所示。

(1) 选择:在需要操作的文字区域起点(或终点)处按下鼠标左键不放,开始拖动至终点(或起点),当文字反白显示时,说明选中了文字。要选择全文,则可以在"编辑"菜单选择"全选"命令,或者使用快捷键"Ctrl+A",即可选中文档所有内容。

图 2-50 打开"记事本"界面

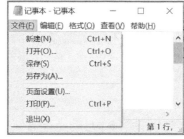
图 2-51 "文件"菜单

图 2-52 "编辑"菜单

(2) 删除:如果删除光标前面的内容,可以使用"Backspace"键;如果删除光标后面的内容,可以使用"Delete"键;如果删除已选定的文字,键盘"Backspace"键或"Delete"键均可使用,或者使用"编辑"菜单的"删除"命令。

(3) 复制和粘贴:选中待复制内容,使用"编辑"菜单的"复制",或使用快捷键"Ctrl+C",将选定内容复制到剪贴板,将光标定位到目标位置,使用"编辑"菜单的"粘贴"命令,或使用快捷键"Ctrl+V",将剪贴板中的内容粘贴到目标位置。

(4) 查找:当在文档中要寻找特定字词时,可使用"编辑"菜单的"查找"命令,或使用快捷键"Ctrl+F",在弹出的对话框中输入要查找的内容,单击"查找下一个"按键,则会定位并反白显示查找内容。如果没有匹配内容,则弹出"找不到"确认框。"查找"对话框中还可以选择"区分大小写"复选框,此时将在查找中严格区分大小写。如图 2-53 所示。

(5) 替换:使用"编辑"菜单的"替换"命令,或使用快捷键"Ctrl+H",在"替换"对话框的"查找内容"中输入将被替换的内容,在"替换为"中输入替换后的内容,单击"查找下一个",即可找到相关内容,然后单击"替换",将当前反白显示的内容进行替换。点击"全部替换"则可将全文所有匹配内容都替换掉。如图 2-54 所示。

图 2-53 "查找"对话框

图 2-54 "替换"对话框

(6) 时间/日期:使用"编辑"菜单的"时间/日期"命令,可以在光标所在处插入时间、日期。记事本也有一个自动记录编辑时间的功能。在记事本文件的第一行输入".LOG"(注意是大写)之后,按回车键换行,间隔一行再编辑正文,以确保时间记录功能生效。之后每次重新打开该记事本文件时,之前编辑过的文本结尾处会增加时间显示。利用这个功能,可以把记事本当作电子日记本来使用。

3) 文档格式

(1) 自动换行:当在记事本中输入大量未分段的文本时,如果未设置自动换行功能,记事本将所有内容显示在一行,编辑区外的文字将不能出现,影响用户查阅。此时可单击"格式"菜单的"自动换行"命令,其前方出现"√",记事本会对编辑区内文字自动换行,改变编辑区大小,文字换行位置也会相应变化。如图 2-55 所示。

(2) 字体:在"格式"菜单下选择"字体",可以调整文本的字体样式。

4) 查看功能

状态栏位于记事本最下方,勾选"查看"菜单下"状态栏"选项,可以显示光标的定位位置。但是需要注意的是,该选项只在非"自动换行"状态下可选。如图 2-56 所示。

图 2-55 "格式"菜单

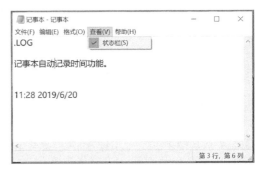
图 2-56 "查看"菜单

2.5.3 写字板

写字板是一个用来创建和编辑文档的文本编辑程序。与 2.5.2 节介绍的记事本不同,写字板文档可以包括复杂的格式和图形,并且能够插入链接或嵌入对象,如图片、文本、Word 文档、Excel 文件或 PPT 文件等。

单击"开始",在程序栏单击"Windows 附件"→"写字板",打开的写字板界面如图 2-57 所示。

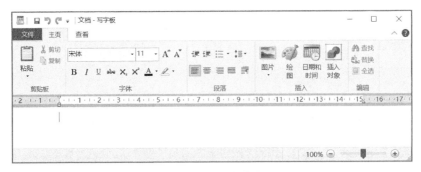
图 2-57 "写字板"界面

写字板由标题栏、快速访问工具栏、功能区、水平标尺、工作区和状态栏几部分组成。

在标题栏左侧默认添加了保存、撤销、重做等命令,通过单击"重做"右侧倒三角打开"自定义快速访问工具栏"菜单,可以自定义快速工具栏的组成,如增加新建、快速打印等。如图 2-58 所示。

单击"文件"选项卡,可以打开文件菜单,该菜单下可执行新建、打开、保存、另存为、打印、页面设置、退出等操作。如图 2-59 所示。

在 Windows 10 系统写字板界面中,直观的功能区可以使用户快速找到完成操作所需要的命令。写字板打开后,默认显示"主页"功能区,该区域分为剪贴板、字体、段落、插入、编辑等五个模块,当鼠标停留在某个功能图标上时,可以显示该图标功能的详细描述,如图 2-60 所示。

图 2-58 自定义快速访问工具栏

图 2-59 写字板文件菜单

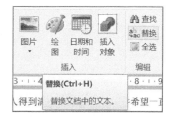
图 2-60 写字板功能显示

2.5.4 计算器

在 Windows 10 中,计算器不再像以前的版本那样放入"Windows 附件"中,而是作为一个单独的程序显示在"所有程序"列表中。在"所有程序"中单击"计算器",打开计算器窗口,如图 2-61(a)(b)所示。在这个窗口中,除了标题栏、导航栏、数字显示区和工作区外,右侧还有"历史记录"和"内存"(这两个内容仅在部分计算模式下有效)。"历史记录"中显示了所有前期计算过的算式和结果,在"内存"中显示的是需要累计计算的数值。如果调整了计算器窗口大小,则"历史记录"按钮在窗口右上角,"内存"按钮在工作区第一行最右侧,如图 2-61(c)所示。

(a)

(b)

(c)

图 2-61 计算器窗口

点击计算器模式标题左侧的导航栏,可以根据需要打开对应的计算模式。除了"标准型"和"科学型"计算模式外,Windows 10 的计算器还提供了"程序员""日期计算""货币"等实用计算工具。如图 2-62 所示。

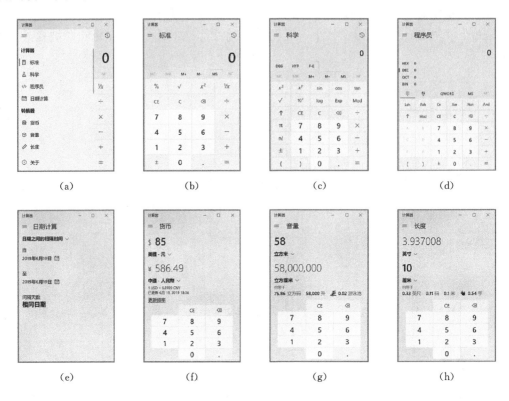

图 2-62　计算器模式

1) 标准计算器

进行加、减、乘、除等简单算数计算时,标准计算器就可以满足需求。该模式下,工作区由数字按键、运算符按键、存储按键和操作按键组成,用户输入数字后会在数字显示区显示相应数字,然后选择运算符,再输入第二个数,最后单击"="按键,数字显示区将显示最终运算后的结果。数字和运算符的输入可以使用数字按键,也可以使用键盘按键。当输入过程中出现错误时,可以使用 ⌫ 键逐个删除;如果要清除当前用户输入的整行数字,可以单击"CE"按键;当一次运算完成后,单击"C"按键即可清除当前运算结果,再次输入则开始新的计算。

2) 实用计算器

当需要计算两个日期间隔的天数,比如今天到某年某月某日,中间间隔了几月几周几天,利用"日期计算"模式就可以轻松算出。另外还有单位转换功能,比如货币、体积、长度等,都可以使用对应模式快速实现不同计量单位的换算。

2.5.5　Windows 管理工具

在程序栏"Windows 管理工具"下有多个维护系统的程序,现将几个常用功能介绍如下。

1) 磁盘清理

磁盘清理工具可以用于释放磁盘空间。打开程序后,选择要清理的驱动器,点击"确定"按钮,程序将开始搜索计算机上的硬盘驱动器,列出 Windows 升级日志文件、临时文件等,可以选择删除部分或全部文件。如图 2-63 和图 2-64 所示。

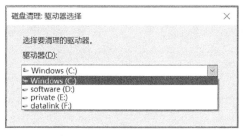

图 2-63 磁盘清理工具

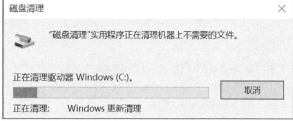

图 2-64 磁盘清理过程

2) 碎片整理和优化驱动器

磁盘碎片整理程序可以将计算机硬盘上的碎片文件或文件夹合并在一起,使得每一项在卷上可以占据单个连续空间,以便系统更有效地访问文件和文件夹。通过整理和优化,磁盘空间得到有效利用,也减少了新文件出现碎片的可能。如图 2-65 所示。

图 2-65 碎片整理和优化驱动器

第 3 章
Word 2010 文字编辑

3.1 Word 2010 概述

3.1.1 Word 2010 的功能及新增功能

1) Word 2010 的功能

Word 2010 是 Office 2010 的核心组件,能够创建多种类型的文件,如书信、文章、计划、备忘录等。使用它,不但可以在文档中加入图片、图形、表格等,还可以对文档内容进行修饰和美化,同时还具有自动排版、自动更正、自动套用格式、自动创建样式和自动编写摘要等功能。

2) Word 2010 的新增功能

Word 2010 与早期版本相比,新增了部分功能,使用起来更加方便。新增的功能包括:自定义功能区、更加完美的图片格式设置功能、快捷查看文档的"导航"窗格、随用随抓的屏幕截图、更多的 SmartArt 图形类型。

3.1.2 Word 2010 的启动和退出

1) Word 2010 的启动

启动 Word 2010 常用的方法有以下三种。

方法一:单击"开始"→"所有程序"→Microsoft Office→Microsoft Office Word 2010 命令。

方法二:单击 Microsoft Office Word 2010 的快捷方式图标。

方法三:双击一个已创建好的 Microsoft Office Word 2010 文档的图标。

2) Word 2010 的退出

Word 2010 的退出常用方法有以下三种。

方法一:单击"文件"→"退出"命令。

方法二:按"Alt+F4"组合键。

方法三:单击 Word 2010 编辑窗口中标题栏的"关闭"按钮。

3.2 Word 2010 的基础知识

在 Word 2010 中,用功能区代替了传统的菜单和工具栏,功能区是全新的设计,它以选项卡的方式对命令进行分组和显示。

3.2.1 功能区和选项卡

功能区分布在 Word 窗口的顶部,Word 2010 功能区有"开始""插入""页面布局""引用""邮件""审阅""视图"等选项卡,如图 3-1 所示,可以引导用户展开工作。

图 3-1 Word 2010 的功能区

功能区显示的内容并不是一成不变的,Word 2010 会根据应用程序窗口的宽度自动调整在功能区中显示的内容。

每个选项卡又包含了功能不同的若干个组,不同选项卡对应的功能如下所述:

(1)"开始"选项卡

"开始"选项卡中包括剪贴板、字体、段落、样式和编辑 5 个组,主要用于帮助用户对 Word 2010 文档进行文本编辑和格式设置,是最常用的功能。

(2)"插入"选项卡

"插入"选项卡包括页、表格、插图、链接、页眉和页脚、文本、符号 7 个组,主要用于在 Word 2010 文档中插入各种对象。

(3)"页面布局"选项卡

"页面布局"选项卡包括主题、页面设置、稿纸、页面背景、段落和排列 6 个组,主要用于帮助用户设置 Word 2010 文档页面样式。

(4)"引用"选项卡

"引用"选项卡包括目录、脚注、引文与书目、题注、索引、引文目录 6 个组,主要用于实现在 Word 2010 文档中插入目录等比较高级的功能。

(5)"邮件"选项卡

"邮件"选项卡包括创建、开始邮件合并、编写和插入域、预览结果、完成 5 个组,该功能区的作用比较专一,主要用于在 Word 2010 文档中进行邮件合并方面的操作。

(6)"审阅"选项卡

"审阅"选项卡包括校对、语言、中文简繁转换、批注、修订、更改、比较和保护 8 个组,主要用于对 Word 2010 文档进行校对和修订等操作,适用于多人协作处理长文档。

(7)"视图"选项卡

"视图"选项卡包括文档视图、显示、显示比例、窗口、宏 5 个组,主要用于帮助用户设置 Word 2010 窗口的视图类型,以方便操作。

3.2.2 快速访问工具栏

快速访问工具栏位于标题栏的左侧,默认状态下只有"保存""撤销键入""无法重复"3

个基本常用的命令。用户也可以根据自己的需要添加一些常用命令。

例如,若用户将 Word 文档转换成 Excel,则可以在 Word 2010 快速访问工具栏中添加所需的命令,操作步骤如下:

步骤 1:单击快速访问工具栏右侧的小三角符号,弹出"自定义快速访问工具栏"下拉菜单,如果希望添加的命令恰好在列表中,单击选择即可;如果不在列表中则需要单击"其他命令"选项,如图 3-2 所示。

步骤 2:在打开的"Word 选项"对话框中,自动定位在"快速访问工具栏"选项组,用户可以在左侧的命令列表中选择所需要的命令,然后单击"添加"按钮,将其添加到右侧的"自定义快速访问工具栏"命令列表中,如图 3-3 所示,设置完成后单击"确定"按钮。

图 3-2　自定义快速访问工具栏

图 3-3　选择显示在快速访问工具栏中的命令

3.2.3　上下文选项卡

有些选项卡只有在编辑和处理特定对象时才会在功能区中显示出来,以供用户使用。例如,在 Word 2010 中编辑图形时,当用户选中该图形后,关于图形编辑的"图片工具"上下文选项卡就会实时地显示出来,如图 3-4 所示。

3.2.4　实时预览

当用户将鼠标指针移动到相关的选项后,实时预览功能就会将指针所指选项的功能应用到当前所编辑的文档中来。

例如,当用户想改变文档字体大小时,只要将鼠标在字体下拉列表中滑过,无须单击鼠标进行确认,即可实时预览该格式对当前字体大小的影响,如图 3-5 所示,这样更方便用户快速作出选择。

图 3-4　上下文选项卡

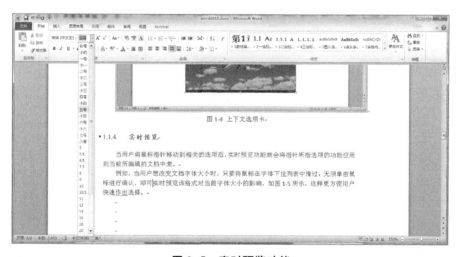

图 3-5　实时预览功能

3.2.5　增强的屏幕提示

Word 2010 的用户界面提供了比以往信息量更多、面积更大的屏幕显示,当用户将鼠标移至某个命令时,就会弹出相应的屏幕提示,如图 3-6 所示,方便用户更加快速地了解该命令的功能。

3.2.6　Word 2010 的后台视图

Word 2010 的后台视图是文档或应用程序执行操作的命令,单击"文件"选项卡,就可以查看 Word 2010 的后台视图,如图 3-7 所示。

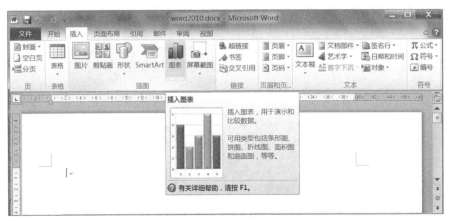

图 3-6 增强的屏幕提示

图 3-7 后台视图

在后台视图中可以管理文档和有关文档的数据。例如，创建、保存并发送文档，检查文档中是否包含隐藏的元数据和个人信息，文档安全控制选项和应用程序自定义选项等。

3.2.7 自定义功能区

用户可以根据自己的使用习惯自定义应用程序的功能区，操作步骤如下：

步骤1：在功能区空白处右击，在弹出的快捷菜单中选择"自定义功能区"选项。

步骤2：打开"Word 选项"对话框，并自动定位在"自定义功能区"选项组中。此时用户可以在该对话框区域中点击"新建选项卡"或"新建组"按钮，创建所需要的选项卡或命令组，然后将其左侧常用命令列表框中相关命令添加至其中即可，如图3-8所示。设置完成后单击"确定"按钮。

图 3-8 自定义功能区

3.3 文档的创建和编辑

3.3.1 创建文档

文档是文本、图形、表格等对象的载体,要在文档中进行操作,必须先创建文档。用户在 Word 2010 中可以通过以下两种方式创建文档。

1) 创建信息的空白文档

(1) 当启动 Word 2010 后,系统会自动创建一个基于 Normal 模板的空白文档,用户可以直接在文档中输入和编辑内容,此默认的文档的名称是"文档 1.docx"。

(2) 如果用户已经启动了 Word 2010,在编辑文档过程中,还需创建一个新的空白文档,可以单击"文件"→"新建"按钮,如图 3-9 所示,这样就创建了一个新的空白文档。

2) 使用模板新建文档

在 Word 2010 中内置了很多用途各异的模板(如书信模板、公文模板等),用户可以根据实际需要选择特定的模板新建 Word 文档,操作步骤如下:

步骤 1:在 Word 2010 程序中单击"文件"→"新建"命令。

步骤 2:在右侧窗格"可用模板"区域中选择合适的模板,并单击"创建"按钮即可,如图 3-10 所示。用户也可以在"Office.com 模板"区域选择合适的模板,并单击"下载"按钮,这样就快速创建了一个带有格式和内容的文档。

图 3-9　创建空白文档

图 3-10　通过模板创建新文档

如果本机上安装的模板不能满足用户的需要,还可以到微软公司网站的模板库中下载。

3.3.2　文本的输入

1) 普通文本的输入

创建完一个新文档后,在文档中光标闪烁处(或插入点)就可以输入文本了。在光标定位处输入文本时,其光标会向后移动,一直到文本输入完成以后。

输入文本时,不同内容的输入方法会有所不同,普通的文本,如汉字、英文、阿拉伯数字等可以通过键盘直接输入。

使用键盘直接输入文本时,输入法切换的组合键功能如下:

(1)"Ctrl+Shift"组合键,在各种输入法之间互相切换。

(2)"Ctrl+空格键"组合键,在中、英输入法之间切换。

2)符号输入

文档中通常不会只有中文和英文字符,有时还需要插入一些符号,如※、◎等,通过键盘无法输入这些符号。此时,可以通过 Word 2010 提供的"插入符号"的功能,在文档中插入各种符号。

(1)插入符号。将光标定位在要插入符号的位置,单击"插入"选项卡→"符号"组→"符号"按钮,在下拉菜单中单击所需要符号即可。若所需符号不在下拉菜单中,单击"其他符号",打开"符号"对话框,如图 3-11 所示,在"符号"选项卡中选择要插入的符号,单击"插入"按钮,即可插入所选符号。单击"关闭"按钮,关闭"符号"对话框。

(2)插入特殊字符。将光标定位在需插入符号处,单击"插入"选项卡→"符号"组→"符号"按钮,在

图 3-11 "符号"对话框

下拉菜单中选择"其他符号",打开"符号"对话框,切换到"特殊字符"选项卡,在该区域中选择要插入的符号,单击"插入"按钮即可。

3.3.3 文本的选择

在对文本进行编辑、格式设置前,首先要选择文本,选择文本既可以使用鼠标,也可以使用键盘。

1)使用鼠标选择文本

(1)拖动鼠标选择文本。将鼠标定位在选择文本开始处,按住鼠标左键不放,移动到所选文本结尾处,松开鼠标左键,此时被选择的文本呈高亮状态。

(2)选择一行。将鼠标指针移动到该行的左侧空白处,当鼠标指针变成指向右边箭头时,单击即可选择该行的文本内容,如图 3-12 所示。

(3)选择一段。将鼠标指针移动到文本编辑区左侧,当指针变成右边箭头时,双击即可选择整段文本内容。

(4)选择不相邻的多段文本。按照上述方法选择一段文本后,按住 Ctrl 键,再选择其他的一处或多处文本,如图 3-13 所示。

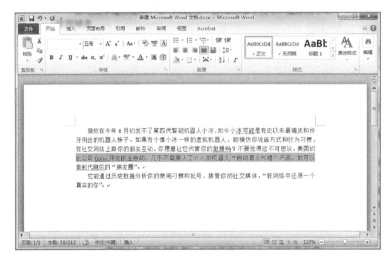

图 3-12　选择一行

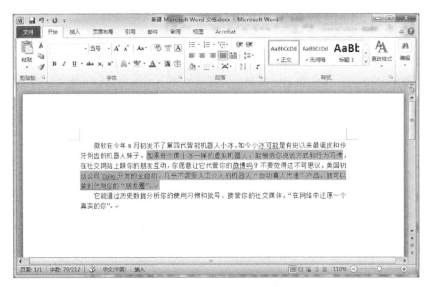

图 3-13　选择不相邻的多段文本

（5）选择垂直文本。用户还可以根据需要选择垂直文本。首先按住 Alt 键，将鼠标指针定位在需要选择文本开始处，按住鼠标左键，拖动鼠标，直到所选文本的结尾处，松开鼠标左键和 Alt 键。此时被选择的文本呈高亮状态。如图 3-14 所示。

（6）选择整篇文档。将鼠标指针移动到文本编辑区左侧，当鼠标指针变成指向右边箭头时，连击 3 次鼠标左键，即可选择整篇文档的内容。

（7）其他选择。选择单个字或词组：将鼠标指针定位到词组中间或左侧，双击。选择句子：按住 Ctrl 键，然后单击该句子中的任意位置。

2）使用键盘选择文本

使用键盘上的组合键可以快速地选择文档中的文本，各组合键及功能如表 3-1 所示。

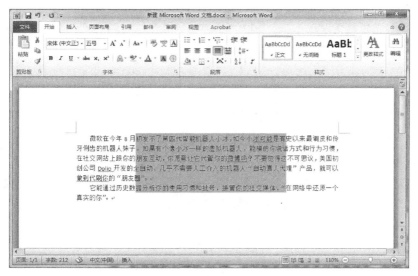

图 3-14　选择垂直文本

表 3-1　使用键盘选择文档中的文本

组合键	功能
Shift+→	选择光标右侧的一个字符
Shift+←	选择光标左侧的一个字符
Shift+↑	选择光标位置至上一行与光标相同位置之间的文本
Shift+↓	选择光标位置至下一行与光标相同位置之间的文本
Shift+Home	选择光标位置至行首之间的文本
Shift+End	选择光标位置至行尾之间的文本
Shift+PageDown	选择光标位置到下一页第一行与光标相同位置之间的文本
Shift+PageUp	选择光标位置到上一页最后一行与光标相同位置之间的文本
Ctrl+Shift+Home	选择光标位置至文档开始之间的文本
Ctrl+Shift+End	选择光标位置至文档结尾之间的文本
Ctrl+A	选择整篇文档

3.3.4　文本的复制、移动和删除

1）复制文本

在文档中需要重复输入文本时，可以使用复制文本的方法，这样可以大大加快输入速

度。复制文本可以使用以下任意一种方法。

（1）选择需要复制的文本，单击"开始"选项卡→"剪贴板"组→"复制"按钮；把光标移动到目标位置，再单击"开始"选项卡→"剪贴板"组→"粘贴"按钮。

（2）选择需要复制的文本，按"Ctrl＋C"组合键，把光标移动到目标位置，再按"Ctrl＋V"组合键。

（3）选择需要复制的文本并右击，从弹出的快捷菜单中选择"复制"命令；把光标移动到目标位置并右击，从弹出的快捷菜单中选择"粘贴"命令。

2）移动文本

移动文本的操作与复制文本的操作类似，区别在于移动文本后，原位置的文本消失，而复制文本后，原位置的文本仍然存在。移动文本可以使用以下任意一种方法。

（1）选择需要移动的文本，单击"开始"选项卡→"剪贴板"组→"剪切"按钮；把光标移动到目标位置，再单击"开始"选项卡→"剪贴板"组→"粘贴"按钮。

（2）选择需要移动的文本，按"Ctrl＋X"组合键，把光标移动到目标位置，再按"Ctrl＋V"组合键。

（3）选择需要复制的文本并右击，从弹出的快捷菜单中选择"剪切"命令；把光标移动到目标位置并右击，从弹出的快捷菜单中选择"粘贴"命令。

（4）选中需要移动的文本，将鼠标指针放在被选择的文本上，此时鼠标就会变成一个箭头，按下鼠标左键，鼠标箭头的旁边会有竖线，该竖线显示了文本移动后的位置，同时鼠标箭头的尾部会有一个小方框，拖动竖线到新的插入文本的位置，然后释放鼠标左键，就完成了文本的移动。

3）删除文本

如果输入文本的过程中需要对文本进行删除，简便的方法是使用 Backspace 键或 Delete 键。Backspace 键删除光标左侧的文本，而 Delete 键删除光标右侧的文本。

如果要删除大段的文本，首先选中要删除的文本，然后按 Delete 键即可。

4）格式刷快速格式复制

格式复制就是将文本的字体、字号、段落设置等重新应用到目标文本中。首先选中已经设置好格式的文本，然后单击"开始"选项卡→"剪贴板"组→"粘贴"按钮下方的下三角按钮，在出现的下拉列表中选择"选择性粘贴"命令，在随后打开的"选择性粘贴"对话框中选择"粘贴"，最后单击"确定"按钮即可。

3.3.5 文本的查找和替换

查找是在文档中搜索特定文本对象；替换既可以搜索特定文本对象，又可以用指定的文本替换查找到的文本对象。查找和替换可以很好地帮助用户在编辑文档的过程中对输入或其他原因造成的错误快速地查找并进行改正。

1）文本的查找

文本的查找操作步骤如下：

步骤1：单击"开始"选项卡→"编辑"组→"查找"按钮，或直接按下"Ctrl＋F"组合键。

步骤2:打开"导航"任务窗格,在"搜索文档"区域中输入要查找的文本,如图3-15所示。

步骤3:此时,文档中查找到的文本便以黄色显示。

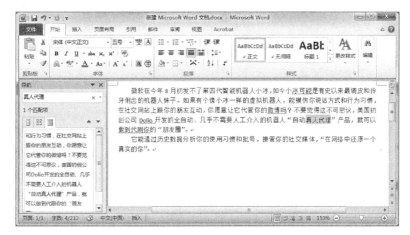

图3-15 用"导航"任务窗格查找文本

2) 文本的替换

文本的替换操作步骤如下:

步骤1:单击"开始"选项卡→"编辑"组→"替换"按钮,或直接按下"Ctrl+H"组合键。

步骤2:在"查找和替换"对话框中选择"替换"选项卡,在该选项卡中的"查找内容"下拉列表框中输入用户要查找的文本;在"替换为"下拉列表框中输入要替换的文本,如图3-16所示。

步骤3:然后单击"全部替换"按钮即可完成文本的替换。

用户也可以连续单击"替换"按钮,逐个进行查找并替换。

用户还可以在"查找和替换"对话框中单击左下角的"更多"按钮,打开如图3-17所示的对话框,在对话框中进行更多查找和替换。

图3-16 "查找和替换"对话框

图3-17 更多"查找和替换"对话框

3.3.6 撤销与恢复

编辑文本时，经常要改变文档中的内容，若改变文本后发现效果不如改变前，则可以用撤销功能把改变后的文本恢复为原来的形式。若文本改变后发现原来的文档是正确的，则可以恢复。Word 2010 支持多级撤销和多级恢复，但不能有选择地撤销不连续的操作。

执行撤销操作时用户可以按下"Alt+Backspace"组合键执行撤销操作，也可以单击"快速访问工具栏"中的"撤销键入"按钮，可取消对文档的最后一次操作。多次单击"撤销键入"按钮，依次从后向前取消多次操作。

单击"撤销键入"按钮右边的下三角，将显示最近执行的可撤销操作的列表，如果选中"撤销"列表框中某个选项，那么这次操作之后的所有操作也同时撤销。在撤销某操作后，如果认为该操作不该撤销，又想恢复被撤销的操作，可单击常用工具栏上的"恢复"按钮。单击"恢复"按钮右边的向下箭头，也可以一次恢复最后被撤销的多次操作。

3.3.7 检查文档中的拼写和语法

用户在编辑文档的过程中会因为一些疏忽造成一些错误，很难保证文本的拼写和语法都完全正确。Word 2010 的拼写和语法功能开启后，将会自动在它认为有错误的字句下面加上波浪线，从而提醒用户。出现拼写错误时用红色波浪线标记；出现语法错误时用绿色波浪线标记。

开启拼写和语法检查的功能查找步骤如下：

步骤1：单击"文件"选项卡，打开后台视图。

步骤2：单击"选项"，打开"Word 选项"对话框，切换到"校对"选项卡。

步骤3：勾选"键入时检查拼写"和"键入时标记语法错误"复选框即可，如图 3-18 所示。

图 3-18　启动拼写和语法检查

使用拼写和语法检查的功能十分简单。在"审阅"选项卡中单击"校对"选项组的"拼写和语法"按钮，打开"拼写和语法"对话框，然后根据情况进行忽略或更改等操作。

3.3.8 保存文档

在新建一份文档并输入内容之后或编辑文档过程中,用户需要随时保存文档。避免计算机因死机、停电等原因而非正常关闭时文档中数据信息的丢失。保存文档有以下几种方式:

1) 手动保存文档

在文档的编辑过程中,应及时对其进行保存,手动保存文档的操作步骤如下:

步骤1:单击"文件"选项卡,打开后台视图,选择"保存"或"另存为"。

步骤2:在弹出的"另存为"对话框中"保存位置"下拉列表中选择要保存的路径,在"文件名"文本框中输入要保存的文件名,在"保存类型"下拉列表中选择要保存的文件格式。

步骤3:单击"保存"按钮,即可完成文档的保存操作。

2) 自动保存文档

自动保存是指Word一定时间自动保存一次文档,这样可以有效地防止用户在忘记保存或者异常情况下导致的文档内容的大量丢失,使损失降到最小。设置自动保存的操作步骤如下:

步骤1:单击"文件"选项卡→"选项"命令。

步骤2:打开"Word选项"对话框,切换到"保存"选项卡。

步骤3:在"保存文档"选项区域中,勾选"保存自动恢复信息时间间隔"复选框,并指定具体分钟数(可输入1~120)。系统默认自动保存的时间间隔是10分钟,如图3-19所示。

步骤4:单击"确定"按钮,自动保存文档设置完毕。

图3-19 设置文档自动保存

保存已命名或已保存过的文档的方法有以下几种:

(1) 单击"文件"选项卡→"保存"命令;

(2) 单击快速访问工具栏上的"保存"按钮;

(3) 按"Ctrl+S"组合键。

3) 保存为 PDF 格式

文档还可以根据用户的需要转换为其他格式,其中转换为 PDF 格式的操作步骤如下:

步骤1:单击"文件"选项卡,打开后台视图,单击"另存为"命令。

步骤2:在"另存为"对话框中"保存类型"下拉列表中选择"PDF",单击"保存"按钮后就可以将 DOC 转成 PDF,如图 3-20 所示。

图 3-20 "另存为"对话框

3.3.9 打印文档

用户在编辑完文档后,就可以进行文档的打印了,操作步骤如下:

步骤1:单击"文件"选项卡→"打印"命令。

步骤2:打开"打印"后台视图,如图 3-21 所示,在视图的右侧可以预览文档的打印效果,还可以设置打印机和打印页面属性等。

步骤3:设置完毕后单击"打印"按钮,即可将文档打印输出。

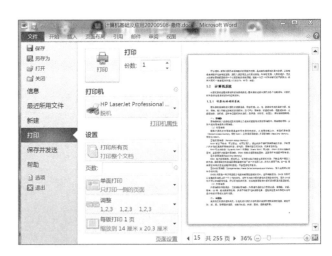

图 3-21 打印文档后台视图

3.4 Word 文档格式化

在 Word 文档中,文本是组成段落的最基本内容,任何一个文档都是从文本开始进行编辑的,当用户输入完所需的文本内容后就可以对相应的段落文本进行格式化操作,从而使文档更加美观、实用。

3.4.1 文本格式设置

在 Word 2010 中设置文本格式主要包括字体、字号、大小格式、粗体、斜体、下划线、上标、下标、字符间距和字体颜色等。

1) 设置字体和字号

设置文本的字体格式操作步骤如下:

步骤 1:首先在文档中选中要设置字体和字号的文本。

步骤 2:单击"开始"选项卡→"字体"组→"字体"下拉列表框右侧下三角按钮。

步骤 3:在随后弹出的下拉列表中选择所需要的字体选项,如"仿宋",如图 3-22 所示。此时,被选中的文本就会以新的字体显示出来。

步骤 4:单击"开始"选项卡→"字体"组→"字号"下拉列表框右侧的下三角按钮。

步骤 5:在随后弹出的下拉列表中选择所需要的字号选项,如"四号",如图 3-23 所示。

步骤 6:此时,被选中的文本就会以新的字号显示出来。

图 3-22 设置文本字体

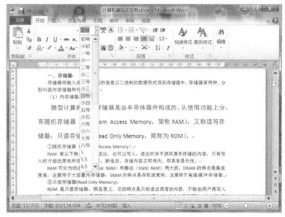
图 3-23 设置文本字号

提示:当鼠标指针从相应的字体上滑过时,被选中的文本字体会跟着作出相应变化。

2) 设置字形

文本的字形包括粗体、斜体、下划线和删除线等多种效果。下面以将文本设置为斜体和加双下划线为例,操作步骤如下:

步骤 1:选中要设置字形的文本。

步骤 2:单击"开始"选项卡→"字体"组→"斜体"按钮,此时,被选中的文本就会以斜体显示出来。

步骤 3:单击"开始"选项卡→"字体"组→"下划线"按钮右侧的下三角按钮。在弹出的下划线列表中选择双下划线,如图 3-24 所示,单击"下划线颜色"按钮可以设置下划线的颜色。

步骤 4:被选中的文本就会加上双下划线。

3) 设置字体颜色

在使用 Word 2010 编辑文档的过程中,经常需要为字体设置各种各样的颜色,以使文

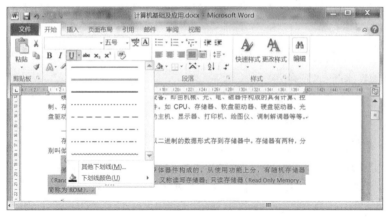

图 3-24　设置双下画线

档更富表现力,操作步骤如下:

步骤 1:选中需要设置字体颜色的文本。

步骤 2:单击"开始"选项卡→"字体"组→"字体颜色"下三角按钮,在字体颜色列表中选择"主体颜色"或"标准颜色"中符合要求的颜色即可。如图 3-25 所示。

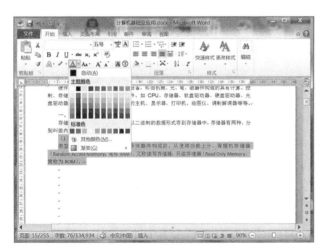

图 3-25　设置字体颜色

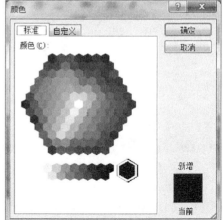

图 3-26　"颜色"对话框的"标准"选项卡

步骤 3:为了设置更加丰富的字体颜色,用户还可以选择"其他颜色",在弹出的"颜色"对话框中的"标准"选项卡中选择需要的颜色,如图 3-26 所示。

步骤 4:在"颜色"对话框中也可以选择"自定义"选项卡,选择需要的颜色,并单击"确定"按钮为选中的文本设置颜色,如图 3-27 所示。

4) 设置字体其他效果

文本的字体、字号、字形、字体颜色、着重号

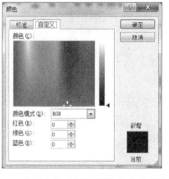

图 3-27　"颜色"对话框的"自定义"选项卡

和删除线等其他效果的设置还可以通过"字体"对话框设置,操作步骤如下:

步骤 1:选中要设置的文本,单击"开始"选项卡→"字体"组的对话框启动器,打开"字体"对话框,单击"字体"选项卡,如图 3-28 所示,在该选项卡中可以进行文本字体的格式设置。

步骤 2:单击"字形"和"字号"下拉列表中的某个选项,可设定所需的字形和字号。

步骤 3:单击"字体颜色"下拉列表,在选项中选择所需的颜色,Word 默认为黑色。

步骤 4:在"下划线线型""下划线颜色"和"着重号"下拉列表中选择所需的下划线和着重号。

步骤 5:在"效果"栏中勾选相应选项前的复选框,可设置文本的相应效果,如"删除线""双删除线""上标""下标"等效果。

图 3-28 "字体"对话框

步骤 6:在"预览"文本框中可以预览设置效果,最后单击"确定"按钮,即可完成设置。

5) 设置字符间距

首先选中要设置的文本,然后单击"开始"选项卡→"字体"组的对话框启动器,打开"字体"对话框,单击"高级"选项卡,如图 3-29 所示。

在该对话框中的"字符间距"选项区中包括多个选项,用户可以通过设置这些选项来调整字符间距。

(1) 在"缩放"下拉列表中有 100%、90%等多种字符缩放比例选项,用于对文本进行放大或缩小,选择相应选项就可完成对文本缩放的设置。

(2) 在"间距"下拉列表中有"标准""加宽""紧缩"3 种间距可供选择,选择相应选项,可设置文本的字符间距;用户也可以在右边的"磅值"文本框中输入合适的字符间距。

图 3-29 设置字符间距

(3) 在"位置"下拉列表中有"标准""提升""降低"3 种间距可供选择,选择相应选项并在后面"磅值"文本框中输入具体数值,就可设定选择文本的位置。

(4) "为字体调整字间距"复选框用于调整文本和字母组合间的距离,以使文本看上去更加美观。

(5) 勾选"如果定义了文档网格,则对齐到网格"复选框,Word 2010 将自动设置每行字符数,使其与"页面设置"对话框中设置的字符数一致。

3.4.2 设置段落格式

段落是以特定符号作为结束标记的一段文本,用于标记段落结束的符号是不可打印的字符。段落格式设置主要包括段落缩进、对齐方式、间距等。

段落的排版命令都是适用于整个段落或几个段落的,因此在对一个段落进行排版之前,可以将光标移到该段落的任意地方;如果对多个段落进行排版,则需要将这几个段落都选中。

1) 设置段落对齐

段落对齐是指段落文本边缘的对齐方式,Word 2010 段落对齐方式包括两端对齐、居中对齐、左对齐、右对齐和分散对齐 5 种。默认的对齐方式是两端对齐。

要设置段落对齐方式,可以单击"开始"选项卡→"段落"组中的相应命令按钮来实现,这是最快捷方便也是最常使用的方法,如图 3-30 所示。

图 3-30　设置段落对齐

2) 设置段落缩进

段落缩进是指段落中的文本与页边距之间的距离。Word 2010 定义了 4 种缩进格式:左缩进、右缩进、悬挂缩进和首行缩进。默认状态下,段落的左、右缩进都是零。段落缩进的含义如下:

(1) 左缩进。设置整个段落左边界的缩进位置。

(2) 右缩进。设置整个段落右边界的缩进位置。

(3) 悬挂缩进。设置整个段落中除了首行外其他行的缩进位置。

(4) 首行缩进。设置段落中首行的起始位置。

段落缩进有以下 3 种设置方法:

(1) 使用浮动工具栏。单击"开始"选项卡→"段落"组中的"减少缩进量"或"增大缩进量"按钮可减少或增加段落的缩进量。但这种方法由于缩进量不固定,所以灵活性差。

(2) 使用"页面布局"选项卡→"段落"组中的命令。选择要设置的段落,单击"页面布局"选项卡→"段落"组的"缩进"按钮,如图 3-31 所示。

图 3-31　使用"页面布局"选项卡设置段落缩进

（3）使用"段落"对话框。单击"开始"选项卡→"段落"组的对话框启动器按钮，打开"段落"对话框，在该对话框中的"缩进"选项区域中的"左侧"文本框中输入左缩进值，则所有行从左边缩进；在"右侧"文本框中输入右缩进值，则所有行从右边缩进；在"特殊格式"下拉列表中可选择"首行缩进""悬挂缩进"或"无"选项。在"预览"文本框中可预览设置效果，如图3-32所示。

单击"确定"按钮即可完成设置；单击"取消"按钮可取消本次设置操作。

3）设置段落间距

段落间距的设置包括段落文本间距与段落间距。

（1）行间距。行间距是指段落中各行文本之间的垂直距离。Word 2010默认的行间距是单倍行距，用户可根据需要重新进行设置。单击"开始"选项卡→"段落"组中的"行距"按钮就可以设置行距，如图3-33所示；或者在"段落"对话框中单击"间距"选项区域的"行距"下拉列表中的相应选项，即可设置段落行距。

（2）段落间距。段落间距是指段前段后距离的大小。在"段落"对话框中单击"间距"选项区域的"段前"和"段后"文本框后的调整按钮，即可设置段与段之间的前后距离。

图3-32 "段落"对话框

图3-33 "行距"下拉列表

图3-34 "项目符号库"对话框

3.4.3 项目符号与编号

使用项目符号和编号可以合理组织文档中并列的项目或者顺序的内容进行编号，从而使得这些项目的层次结构更加清楚、更有条理。Word 2010不但提供了标准的项目符号和编号，而且允许用户自定义项目符号和编号。

1）设置项目符号

选择要添加项目符号的段落，单击"开始"选项卡→"段落"组→"项目符号"按钮右侧的下三角按钮，打开"项目符号库"对话框，其中包含了最近使用过的项目符号、项目符号库和文档项目符号的列表，如图3-34所示，选择其中的一种即可添加项目符号。

2）定义新项目符号

（1）在"项目符号库"对话框中选择"定义新项目符号"选项，弹出"定义新项目符号"对话框,如图 3-35 所示。

(2) 在"定义新项目符号"对话框中"项目符号字符"选项区中单击"符号"按钮,在弹出的如图 3-36 所示的"符号"对话框中选择需要的符号;单击"图片"按钮,在弹出的如图 3-37 所示的"图片项目符号"对话框中选择需要的图片符号;单击"字体"按钮,在弹出的"字体"对话框中设置项目符号中的字体格式。

(3) 设置完成后,单击"确定"按钮,为段落文本添加新的项目符号。

图 3-35 "定义新项目符号"对话框

图 3-36 "符号"对话框

图 3-37 "图片项目符号"对话框

3) 设置编号

选择要添加编号的段落,单击"开始"选项卡→"段落"组→"编号"按钮右侧的下三角按钮,打开"编号库"对话框,如图 3-38 所示,选择其中的一种即可添加编号。

如果用户对编号库不满意,还可以自定义编号。选择列表中的"定义新编号格式"选项就可以定义新的编号。

3.4.4 样式与格式

文档的样式与格式其实就是文档的外观,使用样式不但可以快捷设置文档的格式,同时只需要修改整个文档的格式,既方便又快捷。

图 3-38 "编号库"对话框

1) 使用已有样式和格式

在 Word 2010 的"样式"选项中选择样式的操作步骤如下:
步骤 1:将光标定位在要使用样式的段落。
步骤 2:在"开始"选项卡→"样式"组中选择一种快速样式即可,如图 3-39 所示。

图 3-39 快速样式

步骤3：如果快速样式中没有所需要的样式，则可以单击"开始"选项卡→"样式"组的对话启动器。打开如图3-40所示的"样式"对话框，其中列出了所有样式，在其中选择所需的样式就可完成段落格式和样式的设置。

2) 新建样式

Word 2010提供的样式有时未必能适应个性化文档的需要，这时用户就要建立一套自己的样式来规范文档。使用新建样式功能建立新样式的操作步骤如下：

步骤1：选中已经设置格式的文本，单击"开始"选项卡→"样式"组→"显示样式窗口"按钮，弹出"样式"对话框，在对话框中单击"新建样式"按钮，如图3-40所示。

步骤2：打开"根据格式设置创建新样式"对话框，如图3-41所示。在"名称"文本框中输入新建样式的名称；在"样式基准"下拉列表框中设置该新建样式以哪一种样式为基础；在"后续段落样式"下拉列表框中设置该新建样式的后续段落样式；若选中"自动更新"复选框，那么当重新设定文档中使用某种样式格式化的段落或文本时，Word 2010也会更改该样式的格式，但通常不勾选这个选项。最后单击"确定"按钮，完成设置。

图3-40 "样式"对话框

图3-41 "根据格式设置创建新样式"对话框

3) 清除样式

Word 2010提供的"样式检查器"功能可以帮助用户显示和清除文档中应用的样式和格式，"样式检查器"将段落格式和文本格式分开显示，用户可以分别清除段落格式和文本格式，操作步骤如下：

步骤1：打开Word 2010文档窗口，单击"开始"选项卡→"样式"组→"显示样式窗口"按钮，打开"样式"窗格。然后在"样式"窗格中单击"样式检查器"按钮，如图3-42所示。

步骤2：在打开的"样式检查器"对话框中，分别显示出光标当前所在位置的段落格式和文本格式。分别单击"重设为普通段落样式""清除段落格式""清除字符样式"按钮，清除相应的样式或格式，如图3-43所示。

图 3-42　单击"样式检查器"按钮　　图 3-43　"样式检查器"对话框

3.5　Word 2010 的图表处理

Word 2010 提供了强大的图形处理功能。在文档中插入一些图表配合文本进行说明，会使文档显得生动、丰富。

3.5.1　插入并编辑图片

1）插入图片

在文档中插入图片并设置图片格式的操作步骤如下：

步骤 1：将鼠标指针定位在要插入图片的位置。

步骤 2：单击"插入"选项卡→"插图"组→"图片"按钮。

步骤 3：打开"插入图片"对话框，在其中选择要插入的图片，单击"插入"按钮，即可将该图片插入到文档中。

插入图片后选中该图片，功能区将自动出现"图片工具-格式"选项卡，如图 3-44 所示。

图 3-44　"图片工具-格式"选项卡

2）设置图片格式

插入图片后，可以使用"图片工具-格式"选项卡中的工具对图片进行格式设置。

(1) 改变图片的大小和移动图片位置。单击图片，然后用鼠标拖动图片边框可以调整图片大小。也可以单击"图片工具-格式"选项卡→"大小"组右下角的"对话框启动器"按钮，打开"布局"对话框，选择"大小"选项卡，然后在对话框中设置图片大小。如图3-45所示。

(2) 图片样式选择。单击"图片工具-格式"选项卡→"图片样式"组→"其他"按钮，在打开的"图片样式"中可以选择合适的样式设置图片格式，如图3-46所示。

图 3-45　调整图片大小

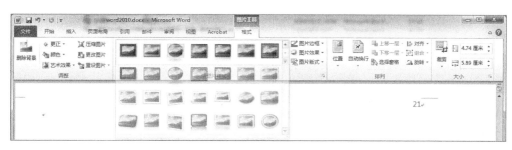

图 3-46　图片样式库

(3) 图片多种样式的设置。在"图片样式"组，还包括"图片边框""图片效果"和"图片版式"3个命令按钮。

① "图片边框"可以设置图片有无边框，以及边框的线型和颜色。

② "图片效果"可以设置图片的阴影效果、旋转等，如图3-47所示。

③ "图片版式"可以将图片设置成不同的版式，如图3-48所示。

图 3-47　设置图片效果

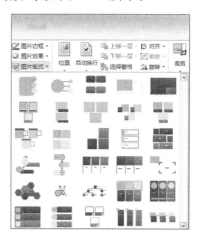

图 3-48　设置图片版式

(4)设置文本的环绕方式。文本的环绕方式就是图和文本之间的排列方式,操作步骤如下:选择所需图片,单击"图片工具-格式"选项卡→"排列"组→"自动换行"按钮下面的下三角按钮,打开下拉列表,如图3-49所示,在下拉列表中直接选择文本环绕方式。

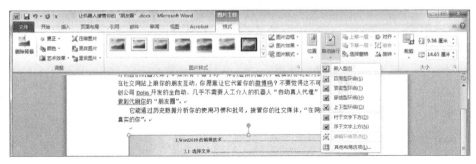

图3-49 设置文本的环绕方式

用户也可以在"自动换行"的下拉列表中选择"其他布局选项",打开如图3-50所示的"布局"对话框,在"文字环绕"选项卡中有更多的文本环绕方式可以选择。

另外,用户可单击"图片工具-格式"选项卡→"图片样式"组对话框启动器,利用弹出的"设置图片格式"对话框设置图片的其他格式,如图3-51所示。

图3-50 设置文字环绕布局

图3-51 "设置图片格式"对话框

(5)图片的裁剪。在文档中,用户可以方便地对图片进行裁剪操作,以截取图片中的有效区域,操作步骤如下:

步骤1:打开Word 2010文档窗口,首先将图片的环绕方式设置为非嵌入型,然后选中需要进行裁剪的图片。

步骤2:单击"图片工具-格式"选项卡→"大小"组→"裁剪"按钮。

步骤3:图片周围出现8个方向的裁剪控制柄,用鼠标拖动控制柄将对图片进行相应方向的裁剪,同时可以拖动控制柄将图片复原,直至调整合适为止。

步骤4:将鼠标指针移出图片,则指针将呈剪刀形状,单击鼠标将确认裁剪。如果想恢复图片,单击快速工具栏中"撤销裁剪图片"按钮。

(6) 设置图片在页面上的位置。有以下两种方法：

① 选择所需图片，单击"图片工具-格式"选项卡→"排列"组→"位置"按钮右侧的下三角按钮，打开下拉列表，可以在列表中选择其中的一种位置。

② 在下拉列表中选择"其他布局选项"，打开"布局"对话框，选择"位置"选项卡，如图 3-52 所示。用户可以根据需要进行设置。

图 3-52　设置图片位置

3.5.2　插入剪贴画

Word 2010 提供了大量的剪贴画并将其存储在剪辑管理器中。在文档中插入剪贴画的操作步骤如下：

(1) 首先将光标定位在要插入剪贴画的位置。

(2) 单击"插入"选项卡→"插图"组→"剪贴画"按钮，打开"剪贴画"任务窗口，设定好搜索范围和文件类型，单击"搜索"按钮，此时所有符合条件的剪贴画会在列表中显示出来，如图 3-53 所示。

(3) 此时用鼠标单击所需要的剪贴画就可以把该剪贴画插入到文档中了。

图 3-53　"剪贴画"任务窗格

3.5.3　添加绘图

在文档中可以添加绘图对象(如形状、图表、流程图、曲线、线条和艺术字)，还可以使用颜色、图案、边框和其他效果进行更改和增强。在文档中添加绘图对象的操作步骤如下：

步骤 1：将光标定位在要插入绘图的位置。

步骤 2：单击"插入"选项卡→"插图"组→"形状"选项，打开其下拉列表，再单击"新建绘图画布"选项，插入绘图画布。

步骤 3：单击"绘图工具-格式"选项卡→"插入形状"组中的下三角按钮，在打开的列表中单击所需形状；将鼠标指针移动到文档绘图画布处，按住鼠标左键，在文档中拖动鼠标绘制自选图形。

步骤 4：绘制完自选图形后，就需要对图形进行编辑。选中绘制的图形，功能区将自动出现"绘图工具-格式"选项卡，如图 3-54 所示，可以使用该选项卡对图形进行编辑修改。

用户还可以在插入绘图时出现的"格式"选项卡上执行以下任一操作。

(1) 更改形状。选择要更改的图形，单击"格式"选项卡→"插入形状"组→"编辑形状"→"更改形状"，然后选中某一形状即可更改现有图形。

(2) 向形状中添加文本。选择要向其中添加文本的形状，然后直接输入文本。

(3) 组合所选形状。按住 Ctrl 键的同时单击要组合的每个形状，可选择多个形状。然

图 3-54 绘图工具格式选项卡

后单击"格式"选项卡→"排列"组→"组合"按钮,这样多个图形就组合在一起了。

(4) 在文档中绘制图形。单击"格式"选项卡→"插入形状"组→"线条"→"任意多边形"或"自由曲线"选项,然后在文档中用鼠标点击,即可画出想要的形状。

(5) 使用阴影和三维效果可增加绘图中形状的吸引力。单击"格式"选项卡→"形状样式"组→"形状效果"按钮,然后选择一种效果。

3.5.4 使用 SmartArt

用户可以使用 Word 2010 提供的 SmartArt 功能在文档中插入丰富多彩的 SmartArt 示意图,操作步骤如下:

步骤1:打开文档窗口,单击"插入"选项卡→"插图"组→"SmartArt"按钮,打开"选择 SmartArt 图形"对话框。

步骤2:在"选择 SmartArt 图形"对话框中单击左侧的类别名称选择合适的类型,然后在对话框右侧单击,选择需要的 SmartArt 图形,如图 3-55 所示。

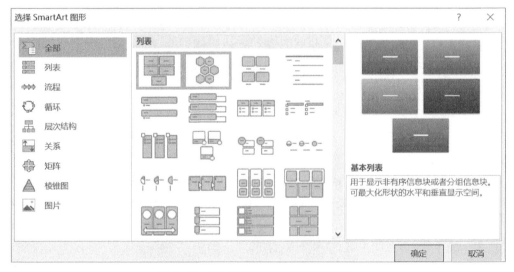

图 3-55 "选择 SmartArt 图形"对话框

步骤3:单击"确定"按钮,返回文档窗口,在插入的 SmartArt 图形中单击文本占位符,输入合适的文本即可,如图 3-56 所示。

步骤4:使用"SmartArt 工具-设计"选项卡上的命令按钮,可以进行 SmartArt 图形格式设置。

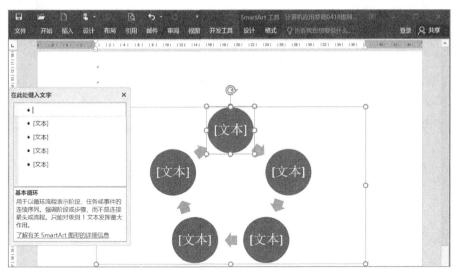

图 3-56　在 SmartArt 图形中输入文本

3.5.5　删除图片背景

为了快速从图片中获得有用的内容，Word 2010 提供了一个非常实用的图片处理工具——删除背景。使用删除背景功能可以轻松去除图片的背景，操作步骤如下：

步骤 1：选中要去除背景的一张图片，然后单击"格式"选项卡→"删除背景"按钮，如图 3-57 所示。

图 3-57　"删除背景"功能

步骤 2：进入图片编辑状态，在图片上拖动矩形边框四周上的控制点，圈出最终要保留的图片区域，如图 3-58 所示。

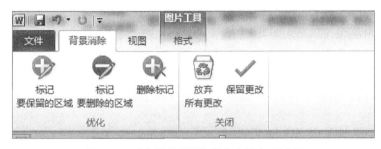

图 3-58　"背影消除"选项卡中的各项功能

步骤3：完成图片区域的选择后，单击"背景消除"选项卡→"关闭"组→"保留更改"按钮，或直接单击图片范围以外的区域，即可去除图片背景并保留矩形圈起的部分。

如果希望不删除图片背景并返回图片原始状态，则需要单击"背景消除"选项卡→"关闭"组→"放弃所有更改"按钮。

如果希望可以更灵活地控制需删除的背景或需保留的区域，可能需要使用以下几个工具，在进入图片去除背景的状态下执行操作。

（1）单击"背景消除"选项卡→"优化"组→"标记要保留的区域"按钮，指定额外的要保留下来的图片区域。

（2）单击"背景消除"选项卡→"优化"组→"标记要删除的区域"按钮，指定额外的要删除的图片区域。

（3）单击"背景消除"选项卡→"优化"组→"删除标记"按钮，可以删除以上两种操作中标记的区域。

3.5.6 使用文本框

文本框是一个能够容纳文本的图形对象，可以置于文档中的任何位置和进行格式化设置。

（1）插入文本框。单击"插入"选项卡→"文本"组→"文本框"按钮，打开下拉列表，如图3-59所示。在"内置"的文本框样式中选择其中一种样式，即可在文档中插入一个文本框。

（2）此时新插入的文本框处于编辑状态，用户在其中输入内容即可，如图3-60所示。

提示：选中文本框后，功能区将自动出现"绘图工具-格式"选项卡，在其中可设置文本框的大小、版式、颜色与线条、位置与填充色等内容。

图3-59 内置的文本框样式

3.5.7 添加和修饰表格

Word 2010提供了强大的表格处理功能，不仅可以快速地创建表格（如课程表、学生成绩表、商品数据表和报表等），还可以对表格进行编辑，使表格的制作和使用更加

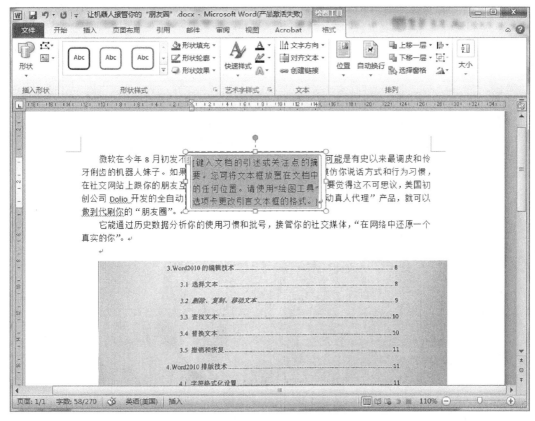

图 3-60　在文档中使用文本框

容易。

1）创建表格

（1）使用即时预览创建表格。

① 将光标置于要插入表格的位置。

② 单击"插入"选项卡→"表格"组→"表格"按钮，打开系统提供的表格模型。

③ 在表格模型中拖动鼠标，选择所需的行数和列数。同时用户可以在文档中实时预览表格的变化，如图 3-61 所示。确定行、列后，松开鼠标即可在光标处插入一张指定行、列数目的表格。

④ 此时在 Word 2010 的功能区中会自动打开"表格工具-设计"选项卡。用户可以在表格中输入数据，然后在"表格样式"选项组中的表格样式库中选择一种样式，快速美化表格，如图 3-62 所示。

（2）使用"插入表格"命令创建表格。将光标置于要插入表格的位置，单击"插入"选项卡→"表格"组→"表格"→"插入表格"命令，打开如图 3-63 所示的"插入表格"对话框。

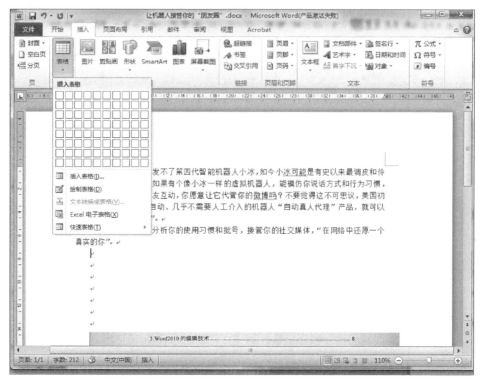

图 3-61　插入表格

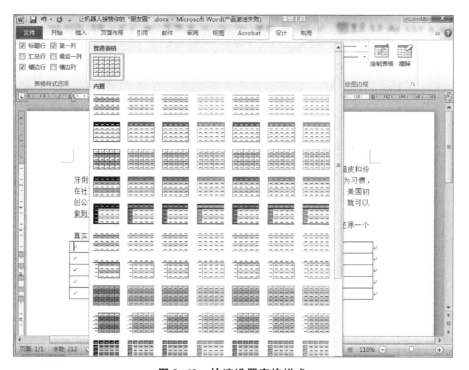

图 3-62　快速设置表格样式

在"表格尺寸"选项区分别设置表格的行数和列数。在"'自动调整'操作"选项区如果选中"固定列宽"单选按钮,则可以设置表格的固定列宽尺寸;如果选中"根据内容调整表格"单选按钮,则单元格宽度会根据输入的内容自动调整;如果选中"根据窗口调整表格"单选按钮,则所插入的表格将充满当前页面的宽度。勾选"为新表格记忆此尺寸"复选框,则再次创建表格时将使用当前尺寸。设置完毕后单击"确定"按钮即可。

图 3-63 "插入表格"对话框

(3) 手动绘制表格。采用上述方法绘制的都是规则表格,即行与行、列与列之间都是等距。有时需要制作一些不规则的表格,这时可以利用绘制表格的方法来完成,操作步骤如下:

步骤1:将光标置于文档中要插入表格的位置。

步骤2:单击"插入"选项卡→"表格"组→"绘制表格"命令,这时鼠标指针就变成了一个铅笔形状,同时在功能区中出现了"表格工具-设计"选项卡。

步骤3:将铅笔形状的鼠标指针移动到文档中要绘制表格的位置,按住鼠标左键,拖动鼠标绘出表格的边框虚线,在适当位置放开鼠标左键,得到实线的表格边框,再拖动铅笔形状的鼠标指针在表格中绘制水平或垂直直线,也可以将鼠标指针移到单元格的一角向另一角画斜线。

步骤4:绘制完成表格后,按 Esc 键或者在"表格工具-设计"选项卡中单击"绘制表格"按钮取消绘制表格状态。

步骤5:如果要擦掉表格中的某个线段,可以单击"表格工具-设计"选项卡→"绘制表格"组→"擦除"按钮,鼠标指针变成橡皮形状,单击要擦除的线条,就可擦除该线条。重复上述操作,可以绘制更复杂的表格。

(4) 使用快速表格功能。Word 2010 中有个"快速表格"的功能,提供了许多已经设计好的表格样式,只需要从中挑选你所需要的,就可以轻松插入一张表格。使用快速表格创建表格的步骤如下:

步骤1:将光标置于文档中要插入表格的位置。

步骤2:单击"插入"选项卡→"表格"组→"表格"按钮→"快速表格"命令,打开系统内置的快速表格库,如图 3-64 所示。

在快速表格库中选择所需的表格样式插入,如图 3-65 所示。

(5) 将文字转换成表格。用户可以通过将文字转换成表格的方式制作表格。只是先需要在文本中设置分隔符,操作步骤如下:

步骤1:首先输入文本,在希望分隔的位置按 Tab 键,在开始新行的位置按 Enter 键。

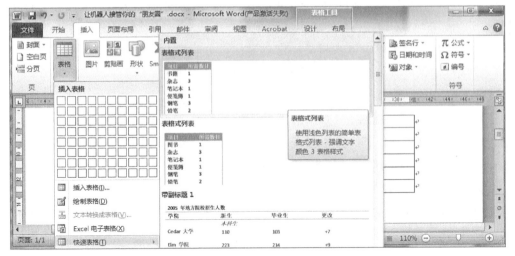

图 3-64 系统内置的快速表格库

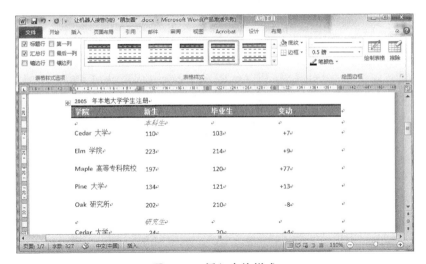

图 3-65 插入表格样式

步骤 2：输入完毕后，选择要转换成表格的文字。

步骤 3：单击"插入"选项卡→"表格"组→"表格"按钮，在弹出的下拉列表中选择"文字转换成表格"命令，打开"将文字转换成表格"对话框，如图 3-66 所示。

步骤 4：在对话框中根据需要进行必要的设置后单击"确定"按钮即可。

2）选择表格

对表格进行格式化之前必须先选择表格。

图 3-66 "将文字转换成表格"对话框

(1)选择单元格。将鼠标指针移动到要选择的单元格左侧,当鼠标指针变为斜向上黑色小箭头时,单击鼠标左键,就可选择所指的单元格。

(2)选择表格的行。将鼠标指针移动到要选择的行左侧,当鼠标指针变为斜向上空心箭头时,单击鼠标左键,就可选择所指的行。若要选择连续的多行,只要从首行拖动鼠标至最末一行,放开左键即可完成操作。

(3)选择表格的列。将鼠标指针移动到要选择的列顶端,当鼠标指针变为向下黑色箭头时,单击鼠标左键,就可选择所指的列。若要选择连续的多列,只要从首列拖动鼠标至最末一列,放开左键即可完成操作。

(4)选择整张表格。选择整张表格,既可以使用拖动的方法,也可以单击表格左上角的十字图标,如图 3-67 所示。

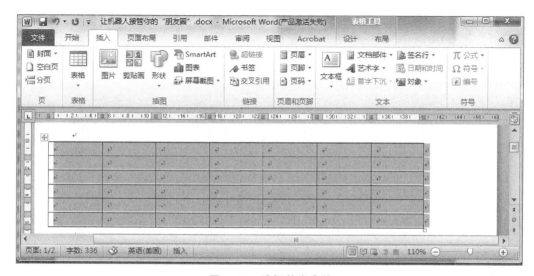

图 3-67 选择整张表格

3) 管理表格中的行、列和单元格

表格制作好后可以对表格进行调整,如向表格中插入和删除单元格,插入和删除行、列等。

(1)插入行列。要插入行、列,先将光标定位在需要添加行或列的相邻单元格中,然后单击"表格工具-布局"选项卡→"行和列"组中相应按钮即可,如图 3-68 所示。在插入行或列时,如果选择了多个单元格,则插入行数与列数与选择的单元格所占的行、列数相同。

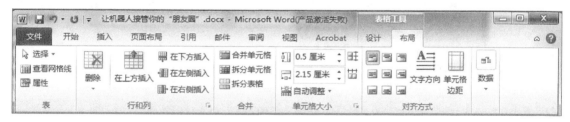

图 3-68 "表格工具-布局"选项卡中的"行和列"组的功能

(2) 删除行、列。先用鼠标选中需要删除的行、列,然后单击"表格工具-布局"选项卡→"行和列"组→"删除"按钮→"删除行"或"删除列"命令。

(3) 插入单元格。插入单元格时,先选中若干单元格,然后单击"表格工具-布局"选项卡→"行和列"组对话框启动器,打开"插入单元格"对话框,如图3-69所示,在对话框中设置相应的选项,即可插入相应的单元格。

图 3-69 "插入单元格"对话框

(4) 删除单元格。先选中若干个单元格,然后单击"表格工具-布局"选项卡→"行和列"组→"删除"按钮→"删除单元格"命令,在打开的对话框中设置相应的选项。

4) 拆分、合并单元格

(1) 拆分单元格就是把一个或多个相邻的单元格拆分为两个或两个以上的单元格。选中要拆分的单元格,然后单击"表格工具-布局"选项卡→"合并"组→"拆分单元格"命令,将打开"拆分单元格"对话框,在"列数"和"行数"文本框中分别输入相应的列数和行数即可,如图3-70所示。

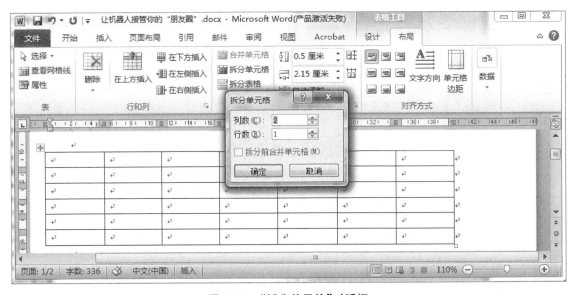

图 3-70 "拆分单元格"对话框

(2) 合并单元格即把一个或者多个相邻的单元格合并为一个单元格。在表格中选中要合并的单元格,单击"表格工具-布局"选项卡→"合并"组→"合并单元格"命令,将原来单元格的列宽和行高合并为当前单元格的列宽和行高。

5) 调整表格的行高与列宽

在Word 2010中使用"表格属性"对话框可精确设置表格的行高和列宽。单击"表格工具-布局"选项卡→"表"组→"属性"按钮打开"表格属性"对话框,如图3-71所示,在行、列选项卡中可设置行高和列宽。

调整行高和列宽,也可以在"表格工具-布局"选项卡→"单元格大小"→"高度"文本框中直接输入数值来进行行高和列宽的设置。

6) 设置标题行跨页重复

建立好空表格后,如果希望表格的标题自动地出现在每个页面表格的上方,可以进行如下设置:

(1) 将光标移到表格的标题中。

(2) 单击"表格工具-布局"选项卡→"数据"组→"重复标题行"按钮即可。如图 3-72 所示。

图 3-71 "表格属性"对话框

图 3-72 设置表格的重复标题行

3.6 长文档的编辑与处理

3.6.1 添加文档封面

专业的文档配上漂亮的封面才会更加完美,Word 2010 内置"封面库"为用户提供了大量的选择空间。为文档添加封面的操作步骤如下:

步骤 1:单击"插入"选项卡→"页"组→"封面"按钮。

步骤 2:打开系统内置的封面库,如图 3-73 所示,它以图示的方式列出了许多文档封面。

步骤 3:选择一个满意的封面,此时该封面就添加到当前文档的第一页,现有文档会自动后移。

3.6.2 文档分页与分节

文档的分页与分节操作可以有效地划分文档内容的布局,使排版更加高效。

图 3-73 选择文档封面

1）文档分页

将文档分为上下两页的操作步骤如下：

步骤1：将光标定位在文档中要分页的位置。

步骤2：单击"页面布局"选项卡→"页面设置"组→"分隔符"按钮，打开插入分页符和分节符选项列表，如图3-74所示。

步骤3：单击"分页符"按钮，即对文档进行了分页。

2）文档分节

使用分节符可以设置文档中的一个或多个页面版式或格式。例

图3-74　分页符和分节符

如，为文档的每一章设置不同的页眉或者每一章的页码编号都从1开始，这样的格式设置需要为文档分节。在文档中插入分节符的操作步骤如下：

步骤1：将光标定位在文档中要分节的位置。

步骤2：单击"页面布局"选项卡→"页面设置"组→"分隔符"按钮，打开分页符和分节符选项列表。

步骤3：在"分节符"选项区中选择其中的一种分节方式，即对文档进行了分节。

步骤4：此时，在光标的当前位置就插入了一个不可见的分节符，插入的分节符不仅将光标位置后面的内容分为新的一节，还会使该节从新的一页开始，实现了既分节又分页。

分节的种类如下：

（1）"下一页"就是插入一个分节符，并在下一页开始新的一节。

（2）"连续"就是插入一个分节符，新节从同一页开始。

（3）"奇数页"或"偶数页"就是插入一个分节符，新的一节从下一个奇数页或偶数页开始。

例如文档中有的页面需要设置为横向，有的需要设置为纵向，这就要利用分节设置来实现。一般的做法是将文档分为不同的两节，一节设置为横向排版，另一节设置为纵向排版，效果如图3-75所示。

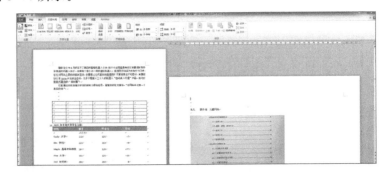

图3-75　页面的横向排版和纵向排版效果

3.6.3 设置文档页眉与页脚

页眉和页脚是文档中每个页面的顶部、底部和两侧页边距中的区域，用户可以在页眉和页脚处插入文本或图形，如页码、日期、作者名称、单位名称或章节名称等。

在 Word 2010 中，用户不仅可以轻松地插入和修改预设的页眉或页脚，还可以创建自定义外观的页眉或页脚，并将新的页眉或页脚保存到样式库中。

1）插入预设的页眉或页脚

单击"插入"选项卡→"页眉和页脚"组→"页眉"按钮。

打开内置的页眉下拉列表，如图 3-76 所示。

选择其中的一种页眉样式，这样页眉就插入到文档的每一页了。

图 3-76 插入页眉

当文档中插入页眉或页脚后，Word 2010 会自动出现"页眉和页脚工具-设计"选项卡，如图 3-77 所示。

图 3-77 页眉和页脚工具

使用"页眉和页脚工具-设计"选项卡中的命令按钮可以对页眉和页脚的格式进行设置。

2）创建首页不同的页眉或页脚

将文档首页页眉或页脚设置得与众不同，操作步骤如下：

步骤 1：在文档中双击已经插入的页眉或页脚区域。

步骤 2：出现"页眉和页脚工具-设计"选项卡。

步骤 3：在"选项"组中勾选"首页不同"复选框，此时文档已插入的页眉和页脚就被删除了，用户可以另行设定。

3）为奇偶页创建不同的页眉或页脚

为奇偶页创建不同的页眉或页脚，操作步骤如下：

步骤 1：在文档中双击已经插入的页眉或页脚区域。

步骤 2：出现"页眉和页脚工具-设计"选项卡。

步骤 3：在"选项"组中勾选"奇偶页"复选框，此时用户就可以分别创建奇数页和偶数页的页眉和页脚了。

4）为各节创建不同的页眉或页脚

用户可以为文档各节创建不同的页眉和页脚，操作步骤如下：

步骤1：将鼠标指针放在文档的某一节中，并单击"插入"选项卡→"页眉和页脚"组→"页眉"按钮。

步骤2：在打开的内置"页眉库"下拉列表中选择其中的一种页眉样式，这样页眉就插入到文档本节中的每一页了。

步骤3：单击"页眉和页脚工具-设计"选项卡→"导航"组→"下一节"按钮，就进入页眉的第二节区域中。

步骤4：然后单击"导航"组→"链接到前一条页眉"按钮，断开新节页眉与前一节页眉之间的链接，此时用户就可以输入本节的页眉了。如图3-78所示。

步骤5：在打开的内置页眉库列表中选择其中的一种页眉样式。这样页眉就插入到本节的每一页了。

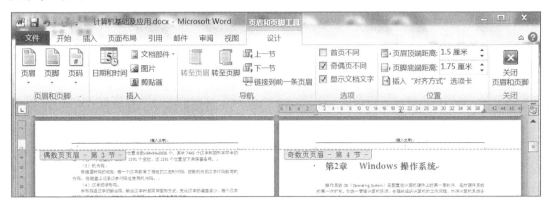

图 3-78　页眉在不同节中的显示

5）删除页眉或页脚

在整个文档中删除页眉或页脚的操作步骤如下：

步骤1：将鼠标指针放在文档中的任意位置，单击"插入"选项卡→"页眉和页脚"组→"页眉"命令按钮。

步骤2：在打开的下拉列表中执行"删除页眉"命令即可。

3.6.4　文档分栏

Word 2010 为用户提供了 5 种分栏类型：一栏、两栏、三栏、偏左和偏右，如果这些分栏类型依然无法满足要求，可以在 Word 2010 文档中设定自定义分栏。

对文档进行分栏操作的步骤如下：

步骤1：选择要分栏的文本。如果需要给整篇文档分栏，选中所有文字或不选；若只需要给某段落进行分栏，那么就单独选择那个段落。

步骤2：单击"页面布局"选项卡→"页面设置"组→"分栏"按钮。

步骤3：在弹出的分栏列表中有一栏、两栏、三栏、偏左和偏右 5 种分栏类型，用户选择其中的一种就可以快速分栏。

步骤4:如果分栏数目不是自己想要的,可以在分栏列表中单击"更多分栏",在打开的"分栏"对话框的"栏数"文本框中设定分栏数目,最高上限为11。如果想要在分栏的效果中加上"分隔线",在"分栏"对话框中勾选"分隔线"复选框即可。如图3-79所示。

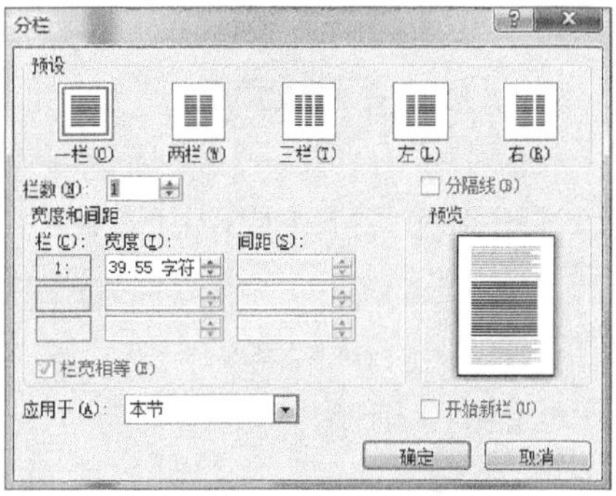

3.6.5 添加引用内容

在长文档的编辑过程中,为文档内容添加索引和脚注很重要。

图3-79 "分栏"对话框

1) 加入脚注和尾注

脚注和尾注一般用于在文档中显示引用资料的来源或说明性的信息。脚注位于当前页的底部或指定文本的下方,尾注位于文档的结尾处或指定节的结尾。它们都是用一条短横线与正文分开,都包含注释文本,比正文的字号要小。

在文档中加入脚注和尾注的操作步骤如下:

步骤1:选择要加脚注和尾注的文本,或将光标置于文档的尾部。

步骤2:单击"引用"选项卡→"脚注"组→"插入脚注"按钮或"插入尾注"按钮,在页面的底端插入脚注区域。

步骤3:若要对脚注和尾注的样式进行定义,可单击"引用"选项卡→"脚注"选项组的对话框启动器,在弹出的"脚注和尾注"对话框中进行样式设置。如图3-80所示。

2) 加入题注

题注可以为文档中的图表、表格或公式等其他对象添加编号标签。若在文档编辑的过程中对题注执行了添加、删除和移动等操作,则可以一次性更新所有题注编号,不用再单独调整。

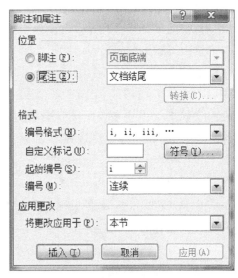

图3-80 "脚注和尾注"对话框

向文档中定义并插入题注的操作步骤如下:

步骤1:在文档中选择要添加题注的位置。

步骤2:单击"引用"选项卡→"题注"组→"插入题注"按钮,弹出"题注"对话框,如图3-81所示。在该对话框中,可以根据添加题注的不同对象,在"选项"区域的"标签"下拉列表中选择不同的标签类型。

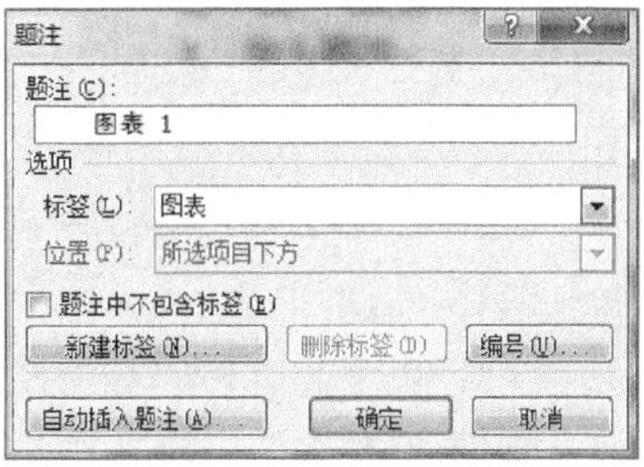

步骤3:若希望在文档中使用自定义的标签,则可以单击"新建标签"按钮。设置完毕后单击"确定"按钮

图3-81 "题注"对话框

即可。

3）标记并创建索引

索引是指列出一篇文档中讨论的术语和主题，以及它们出现的页码。要创建索引，可以通过提供文档中主索引的名称和交叉引用来标记索引项目，然后生成索引。

在文档中加入索引之前，应先标记出组成文档索引的单词、短语或符号之类的索引项。索引项是用于标记索引中特定文字的域代码。当用户选择文本并将其标记为索引项时，Word 2010 添加一个特殊的 XE（索引项）域，域是指示 Word 2010 在文档中自动插入文字、图形、页码和其他资料的一组代码。该域包括标记好了的主索引项以及用户选择包含的任何交叉引用信息。用户可以为每个单词建立索引项，也可以为包含数页文档的主题建立索引项，还可以建立引用其他索引项的索引。

（1）标记单词或短语，操作步骤如下：

步骤1：在文档中选择作为索引项的文本。

步骤2：单击"引用"选项卡→"索引"组→"标记索引项"按钮，打开"标记索引项"对话框，如图 3-82 所示。在该对话框中，"索引"选项区的"主索引项"文本框中会显示选择的文本。根据需要还可以提供创建次索引项、另一个索引项或另一个索引项的交叉引用来自定义索引项。

步骤3：单击"标记"按钮即可标记索引项。单击"标记全部"按钮可以标记文档中与此文本相同的所有文本。

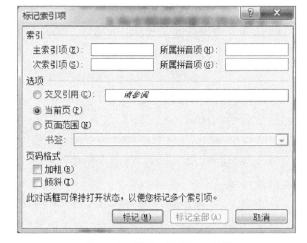

图 3-82 "标记索引项"对话框

步骤4：此时"标记索引项"对话框中的"取消"按钮变为"关闭"按钮，单击"关闭"按钮就完成了索引项标记。

（2）为文档中的索引项创建索引，操作步骤如下：

步骤1：将鼠标指针定位在建立索引的地方，一般在文档的最后。

步骤2：单击"引用"选项卡→"索引"组→"插入索引"按钮，打开"索引"对话框，如图 3-83 所示。

步骤3：在该对话框的"索引"选项卡中"格式"下拉列表中选择索引风格，其结果可以在"打印预览"列表框中查看。

（3）为延续数页的文本标记索引项，操作步骤如下：

步骤1：选择索引项引用的文本范围。

步骤2：打开"插入"选项卡→"链接"组→"书签"按钮。

步骤3：打开"书签"对话框，在"书签名"文本框中输入书签名称，然后单击"添加"按钮。

步骤4：在文档中单击用书签标记的文本结尾处。

步骤5：单击"引用"→"索引"组→"标记索引项"按钮。

图 3-83　设置索引格式

步骤 6：打开"标记索引项"对话框，在"主索引项"文本框中输入标记文本的索引项。

步骤 7：若要设置索引中显示的页码的格式，可勾选"页码格式"下方的"加粗"复选框或"倾斜"复选框。

步骤 8：若要设置索引的文本格式，选择"主索引项"或"次索引项"文本框中的文本并右击，然后执行"字体"命令，在打开的"字体"对话框中选择要使用的格式选项。

步骤 9：在"选项"区域中，单击"页码范围"单选按钮。

步骤 10：在"书签"下拉列表框中输入或选择在步骤 3 中输入的书签名，然后单击"标记"按钮。

3.6.6　添加文档目录

对于长文档，为了便于快速查找相关内容，往往在最前面给出文档的目录，目录中包含了文章中的所有大小标题和编号及标题的起始页码。

Word 2010 创建目录最简单的方式是使用内置"目录库"。用户还可以基于已应用的自定义样式创建目录，或者可以将目录级别指定给各个文本项。

1) 使用目录库创建目录

（1）将光标定位在准备生成文档目录的地方，一般在文档的最前面。

（2）单击"引用"选项卡→"目录"组→"目录"按钮，打开内置的目录库下拉列表，如图 3-84 所示。

（3）用户只需单击其中的一种目录样式即可插入目录。

2) 自定义样式创建目录

（1）将光标定位在准备生成文档目录的地方，一般在文档的最前面。

（2）单击"引用"选项卡→"目录"按钮，打开内置的目录库下拉列表，选择"插入目录"，打开"目录"对话框，在对话框中单击"选项"按钮，在打开的"目录选项"对话框中还可重新设置目录的样式，如图 3-85 所示。

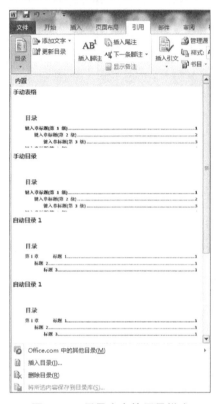

图 3-84　目录库中的目录样式

图 3-85　自定义目录样式

（3）设置完成后，单击"确定"按钮，则在插入点生成目录。

3) 更新目录

在已生成的目录上单击"引用"选项卡→"目录"组→"更新目录"→"只更新页码"或"更新整个目录"，即可快速更新目录。

4) 删除目录

单击"引用"选项卡→"目录"按钮，点击"删除目录"选项，即可删除目录。

3.6.7　文档页面设置

页面设置包括页边距、纸张大小、纸张方向及文字方向等设置。

1) 设置页边距

Word 2010 提供了页边距设置选项，用户可以使用默认的页边距，也可以自己指定页边距。设置页边距的操作步骤如下：

步骤 1：单击"页面布局"选项卡→"页面设置"组→"页边距"按钮，如图 3-86 所示，打开页边距的下拉列表,用户可以选择其中的一种。

图 3-86　页面布局选项卡

步骤 2:单击"页面布局"选项卡→"页面设置"组的对话框启动器,打开如图 3-87 所示的"页面设置"对话框,在该对话框中可以自行设置需要的页边距。

2) 设置纸张方向

Word 2010 中的纸张方向包括纵向和横向两种方式。设置纸张方向既可以使用"页面布局"选项卡→"页面设置"组中"纸张方向"按钮,也可以在"页面设置"对话框中进行设置。

3) 设置纸张大小

设置纸张方向既可以使用"页面布局"选项卡→"页面设置"组中"纸张大小"按钮,也可以在"页面设置"对话框的"纸张"选项卡中进行设置。

4) 设置页面颜色和背景

Word 2010 可以设置文档页面颜色和背景,使其更加美观。为文档设置页面颜色和背景的操作步骤如下:

图 3-87　"页面设置"对话框

步骤 1:单击"页面布局"选项卡→"页面背景"组→"页面颜色"按钮,在打开的下拉列表中选择所需的颜色。若没有用户需要的颜色,可以选择"其他颜色",在打开的"颜色"对话框中设置。如果用户需要填充效果,可以选择"页面颜色"下拉列表中的"填充效果",打开如图 3-88 所示的"填充效果"对话框。

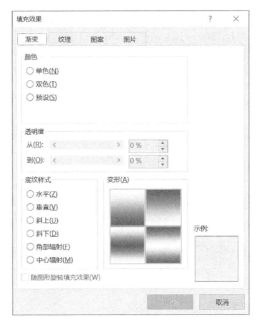

图 3-88 "填充效果"对话框

步骤 2：单击"图片"选项卡中的"选择图片"按钮，从打开的"选择图片"对话框中选择一种图片作为文档的背景，单击"确定"按钮，完成操作。

3.7 文档的审阅

在用户与他人一同处理文档的过程中，审阅跟踪文档的修订状况是很重要的环节，用户需要了解其他用户更改了文档的哪些内容，以及为何要进行这些修改。

3.7.1 审阅与修订文档

Word 2010 提供了多种方式来协助用户完成文档审阅的相关工作，同时用户还可以使用全新的审阅窗格来快速对比、查看、合并同一文档的多个修订版本。

1）修订文档

当用户在修订状态下修改文档时，应用程序会跟踪文档内容所有的变化状况，同时会把用户在当前文件中进行的插入、删除、移动、格式更改等每一项操作内容标记下来，以便以后审阅这些更改。

用户打开所有修订的文档，单击"审阅"选项卡→"修订"组→"修订"按钮，即可开启文档的修订状态。

用户在修订状态下输入的文档内容会通过颜色和下划线标记下来，删除的内容被显示出来，如图 3-89 所示。

当多个用户同时参与同一文档的修订时，文档将通过不同的颜色来区分不同用户的修订内容。Word 2010 还允许用户对修订内容的样式进行自定义设置，具体步骤如下：

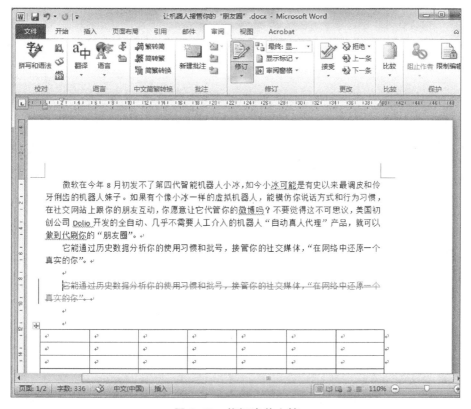

图 3-89　修订当前文档

步骤 1：单击"审阅"选项卡→"修订"组→"修订"按钮下的黑三角，在下拉菜单中选择"修订选项"命令，打开"修订选项"对话框，如图 3-90 所示。

步骤 2：用户可以在"标记""移动""表单元格突出显示""格式"和"批注框"5 个选项区域中根据自己的浏览习惯设置修订内容的显示情况。

2）为文档添加批注

批注的内容并不在文档的原文中进行修改，而是在文档页面的空白处添加相关的注释信息，并用有颜色的方框括起来。为文档添加批注操作非常简单，只需单击"审阅"选项卡→"批注"组→"新建批注"按钮，然后输入批注信息即可，如图 3-91 所示。

如果要删除批注，只需在批注的地方右击，在弹出的快捷菜单中选择"删除批注"命令即可。

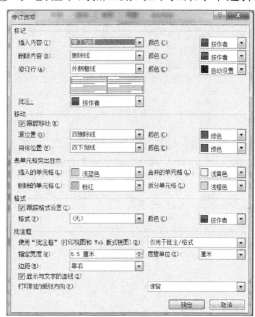

图 3-90　"修订选项"对话框

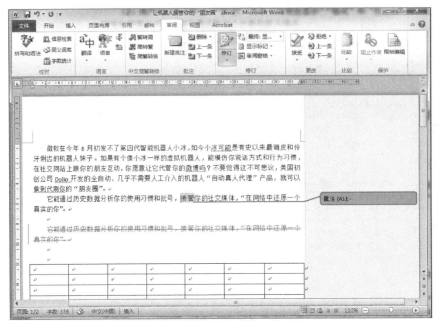

图 3-91　添加批注

如果多人对文档进行修订或审阅,用户还可以单击"审阅"选项卡→"修订"组→"显示标记"→"审阅者"命令,在打开的侧拉列表中显示对该文档修订和审阅的人员名单,如图 3-92 所示。

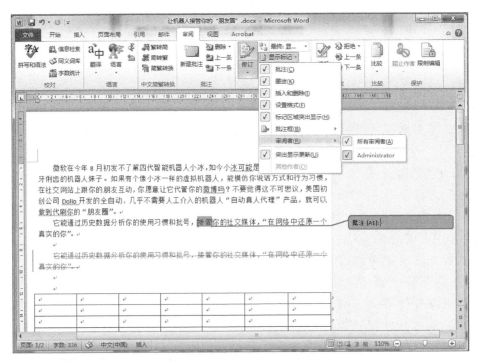

图 3-92　显示审阅者名字的设置

3) 审阅修订和批注

当文档内容修订完毕后，用户还需要对文档的修订和批注进行最终审阅，并确定文档的最终版本。当审阅修订和批注时，可以按照如下步骤接受和拒绝文档内容的修改：

步骤1：审阅修订和批注时，可单击"审阅"选项卡→"更改"组→"上一条"或"下一条"按钮，即可定位修订或批注。

步骤2：对于修订，可以单击"更改"组→"接受"或"拒绝"按钮来完成接受或拒绝文档的修改。对于批注信息可以在"批注"中单击"删除"按钮将其删除。

步骤3：重复步骤1～步骤2，直到文档中不再有修订和批注。

步骤4：如果拒绝当前文档的所有修订，可以单击"更改"组→"拒绝"按钮下的黑三角，在下拉菜单中选择"拒绝对文档的所有修订"命令，如图3-93所示。

图3-93　拒绝对文档的所有修订

3.7.2　快速比较文档

在工作中经常会对文章内容进行比较，通过比较发现文档内容的变化情况。使用"精确比较"的功能操作步骤如下：

步骤1：修改完文档后，单击"审阅"选项卡→"比较"组→"比较"按钮，并在其下拉列表中选择"比较"。

步骤2：打开"比较文档"对话框后，选择所要比较的"原文档"和"修订的文档"，将各项需要比较的数据设置好，如图3-94所示，单击"确定"按钮。

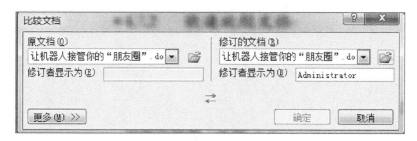

图3-94　比较文档的设置

步骤3：完成后，即可看到修订的具体内容，同时比较的文档、原文档和修订的文档也将出现在比较结果文档中，如图3-95所示。

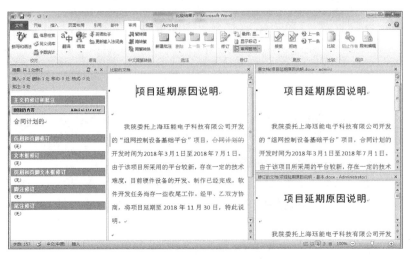

图 3-95 对比同一文档的不同版本

3.7.3 删除文档中的个人信息

有时用户需要删除文档中的个人信息,具体操作步骤如下:

步骤 1:打开要删除个人信息的文档。

步骤 2:选择"文件"选项卡,打开后台视图,然后执行"信息"→"检查问题"→"检查文档"命令,打开"文档检查器"对话框,如图 3-96 所示。

图 3-96 "文档检查器"对话框

步骤 3:选择要检查的隐藏内容类型后,单击"检查"按钮。

步骤4:检查完毕后,在"文档检查器"对话框中审阅检查结果,并在要删除的内容旁边单击"全部删除"按钮即可,如图3-97所示。

图3-97 审阅检查结果

3.7.4 标记文档的最终状态

文档修改完毕后为文档标记为最终状态的操作是:执行"文件"选项卡→"信息"→"保护文档"→"标记为最终状态"命令,如图3-98所示。这样文档的最终版本被标记完成。

图3-98 标记为文档的最终状态

3.7.5 使用文档部件

文档部件是对一段指定的文档内容(文本、图表、段落等对象)的封装手段,也就是对这段文档内容的保存和重复使用。这种方法为共享文档中已有的设计和内容提供了高效的手段。

将文档中一部分内容保存为文档部件并反复使用的操作步骤如下:

步骤1:选择要保存为文档部件的文本内容。

步骤2:单击"插入"选项卡→"文本"组→"文档部件"按钮→"将所选内容保存到文档部件库"命令。

步骤3:打开"新建构建基块"对话框,为新建的文档部件设置属性,如图3-99所示。

图3-99 "新建构建基块"对话框

3.7.6 共享文档

用户若希望将编辑好的文档以邮件的方式发送给对方,可选择"文件"选项卡,打开后台视图,然后执行"保存并发送"→"使用电子邮件发送"→"作为附件发送"命令,如图3-100所示。

图3-100 电子邮件发送文档

3.8 使用邮件合并批量处理文档

邮件合并是 Word 2010 提供的非常实用和便捷的功能。

3.8.1 邮件合并

邮件合并就是在邮件文档(主文档)的固定内容中合并与发送信息相关的一组通信资料(数据源：如 Excel 表、Access 数据库等)，从而批量生成需要的邮件文档，大大提高工作的效率。

邮件合并功能除了可以批量处理信函、信封等与邮件相关的文档外，还可以轻松地批量制作标签、工资条、成绩单等。邮件合并的基本操作过程如下：

1) 创建主文档

主文档是经过特殊标记的 Word 2010 文档，是邮件合并内容固定不变的部分，如信函中的通用部分、信封上的落款等。建立主文档的过程就是新建一个 Word 2010 文档，在进行邮件合并之前它只是一个普通的文档。该文档还有一系列指令(合并域)，用于插入在每个输出文档中都要变化的文本，如收件人的姓名和地址等。

2) 准备数据源

数据源就是数据记录表，其中包含了用户希望合并到输出文档的数据。它通常保存了姓名、通信地址、电子邮件地址等内容。邮件合并支持很多种类的数据源，如 Office 地址列表、Excel 表格、Outlook 联系人、Word 文档或 Access 数据库等。

3) 将数据源合并到主文档中

邮件合并就是将数据源合并到主文档中，得到最终的目标文档，合并完成文档的份数取决于数据表中记录的条数。

利用邮件合并功能可以创建信函、电子邮件、传真、信封、标签等文档。

3.8.2 制作信封

在 Word 2010 中创建中文信封的操作步骤如下：

步骤 1：单击"邮件"选项卡→"创建"组→"中文信封"按钮，打开如图 3-101 所示的"信封制作向导"对话框，开始创建信封。

步骤 2：单击"下一步"按钮，在"信封样式"下拉列表中选择信封的样式等信息。

步骤 3：单击"下一步"按钮，选择生成信封的方式和数量，选中"基于地址簿文件，生成批量信封"单选按钮，如图 3-102 所示。基于地址簿的文本文件如图 3-103 所示。

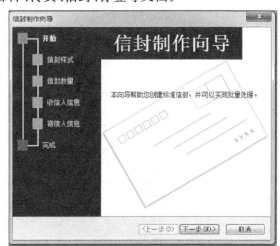

图 3-101 "信封制作向导"对话框

步骤 4：单击"下一步"按钮，从文件中获取收信人信息，单击"选择地址簿"按钮，打开"打开"对话框，在该对话框中选择收信人信息的地址簿，单击"打开"按钮返回信息制作向导，如图 3-104 所示。

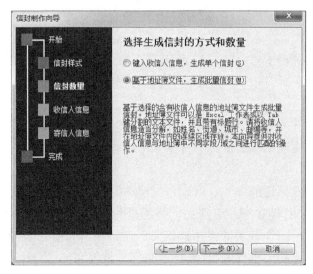

图 3-102 选择生成信封的方式和数量

图 3-103 基于地址簿的文本文件

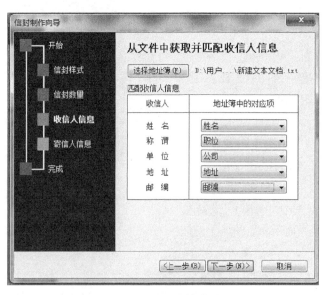

图 3-104 匹配收件人信息

步骤5：单击"下一步"按钮，在"信封制作向导"对话框中输入寄信人信息。然后单击"下一步"按钮，在"信封制作向导"的最后一页单击"完成"按钮，关闭"信封制作向导"对话框。这样多个标准的信封就生成了，效果如图3-105所示。

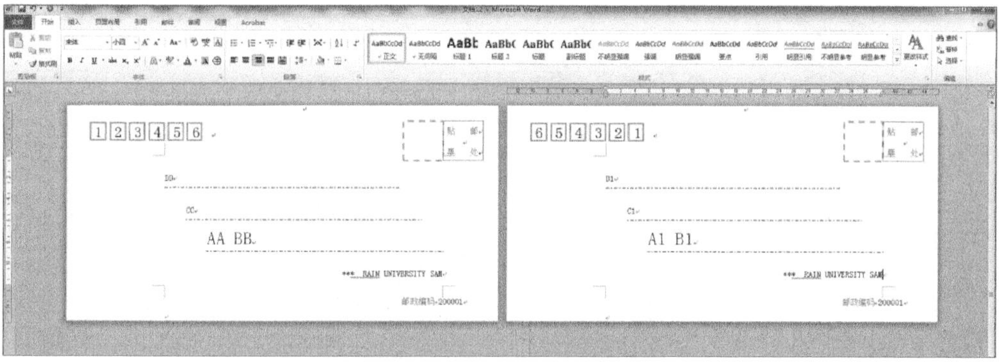

图3-105　使用向导生成的信封

3.8.3　制作邀请函

用户可以制作很多邀请函发给合作的客户和合作伙伴。邀请函分为固定不变的内容和变化的内容两部分，可以使用邮件合并功能实现。下面介绍如何根据已有的Excel客户资料表快速批量地制作邀请函。

在制作邀请函前应预先制作好信函主文档，如图3-106所示的邀请函文档，如图3-107所示的Excel客户资料数据两个文件；然后利用邮件合并功能把数据源合并到主文档中，操作步骤如下：

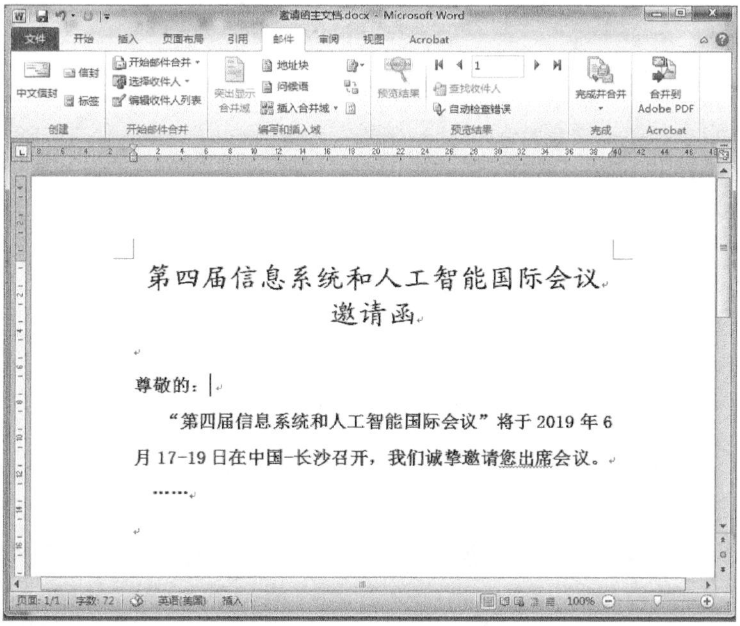

图3-106　邀请函文档

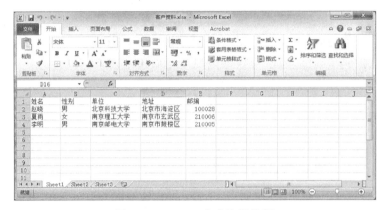

图 3-107　Excel 客户资料数据

步骤1：单击"邮件"选项卡→"开始邮件合并"组→"开始邮件合并"按钮，在下拉菜单中选择"邮件合并分步向导"。

步骤2：打开如图3-108所示的"邮件合并"任务窗格，进入"邮件合并分步向导"的第1步(共6步)。在"选择文档类型"中选中"信函"。

步骤3：单击"下一步：正在启动文档"链接，进入"邮件合并分步向导"的第2步，在"选择开始文档"中选中"使用当前文档"单选按钮，即可以当前的文档作为邮件合并的主文档。

步骤4：接着点击"下一步：选取收件人"链接，进入"邮件合并分步向导"的第3步。在"选择收件人"中选中"使用现有列表"单选按钮，如图3-109所示，然后单击"浏览"超链接。

图 3-108　确定主文档类型　　　　　　　　图 3-109　选择邮件合并数据源

步骤5：打开"选择数据源"对话框，选择保存客户资料的 Excel 文件，然后单击"打开"按钮，此时打开"选择表格"对话框，选择保存客户信息的工作表名称，然后单击"确定"按钮。

步骤6:打开如图3-110所示的"邮件合并收件人"对话框,可以对需要合并的收件人信息进行修改,然后单击"确定"按钮,就完成了现有工作表的链接。

步骤7:接着单击"下一步:撰写信函"超链接,进入"邮件合并分步向导"的第4步。如果用户此时还没有撰写信函的正文,可以在活动文档窗口输入与输出文档中保持一致的文本。如果需要将收件人信息添加到信函中,先将鼠标指针定位在文档中的合适位置,然后单击"地址块"等超链接,本例单击"其他项目"超链接,如图3-111所示。

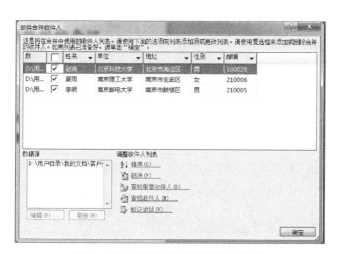

图3-110 设置邮件合并收件人信息

图3-111 撰写信函

步骤8:打开如图3-112所示的"插入合并域"对话框,在"域"列表框中选择要添加邀请函的邀请人的姓名所在位置的域,本例选择"姓名",单击"插入"按钮。插入完毕后单击"关闭"按钮,关闭"插入合并域"对话框。此时文档中的相应位置就会出现已插入的标记,如图3-113所示。

图3-112 "插入合并域"对话框

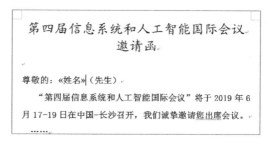

图3-113 插入结果

步骤9:单击"邮件"选项卡→"编写和插入域"组→"规则"按钮,如图3-114所示,在其下拉列表中选择"如果…那么…否则…"。打开"插入Word域:IF"对话框,进行如图3-115

所示的信息设置,设置完成后单击"确定"按钮。

步骤10:在"邮件合并"任务窗格单击"下一步:预览信函"链接,进入"邮件合并分步向导"的第5步。

步骤11:在"邮件合并"任务窗格单击"下一步:完成合并"链接,进入"邮件合并分步向导"的第6步,单击"编辑单个信函"超链接。

步骤12:打开"合并到新文档"对话框,如图3-116所示,选中"全部"单选按钮,单击"确定"按钮。

步骤13:这样Word就将Excel中存储的收件人信息自动添加到邀请函正文中,并合成一个如图3-117所示的新文档。

图3-114 规则设置

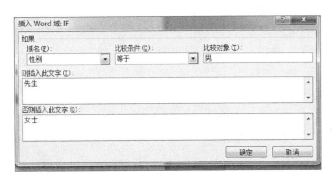

图3-115 定义插入规则

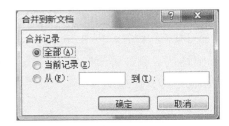

图3-116 "合并到新文档"对话框

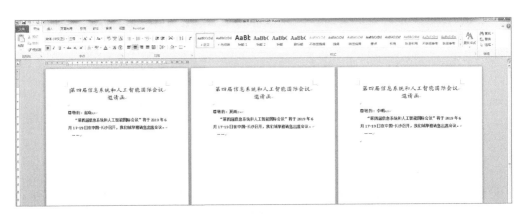

图3-117 批量生成的文档

第 4 章

Excel 2010

4.1 Excel 基础知识

Excel 2010 是微软公司办公自动化软件 Office 中的另一重要成员,是 Windows 平台下著名的电子表格软件,具有制作表格、处理数据、分析数据、创建图表等功能。

4.1.1 Excel 2010 的功能及新增功能

1) Excel 2010 的功能

(1) 快速的表格制作

Excel 2010 可以快速便捷地建立数据表格,即工作簿和工作表,输入和编辑工作表中的数据,并利用丰富的格式化命令对工作表进行多种设置和修饰。

(2) 强大的计算能力

Excel 2010 提供的简易公式输入方式和丰富的函数,让用户可以创建并完成各种复杂的计算。

(3) 丰富的图表展现

Excel 2010 中有将近 100 种不同格式的图表样式可供选用,通过便捷的图表向导,可以轻松建立和编辑出多种类型的、与工作表对应的统计图表并进行精美修饰。

(4) 便捷的数据库管理

Excel 2010 把表格与数据库操作融为一体,通过排序、筛选和分类汇总等命令的操作,可以快速方便地完成对数据的组织和管理。

(5) 超强的数据共享

Excel 2010 可以实现多个用户同时使用同一个工作簿文件,并完成工作簿的合并。用户可以通过浏览器直接创建、编辑和保存 Excel 文件,并通过浏览器共享这些文件。

2) Excel 2010 的新增功能

Excel 2010 与早期版本相比,新增了部分功能,使用起来更加方便。新增的功能包括:迷你图、切片器、改进的数据透视表、改进的条件格式设置、改进的图片编辑功能和艺术效果、同时协作使用和共享工作簿。

4.1.2 Excel 2010 的启动与退出

1) Excel 2010 的启动

Excel 2010 的启动通常有四种方法。

方法一:"开始"→"程序"→Microsoft Excel 2010。

方法二：双击桌面上的 Microsoft Excel 2010 应用程序的快捷图标。

方法三："开始"→"运行"→在文本框中输入相应的应用程序名称（Excel.exe）。

方法四：通过打开已经存在的 Excel 文件来启动 Excel 应用程序。

2) Excel 2010 的退出

Excel 2010 的退出通常有五种方法。

方法一：单击标题栏右端 Excel 窗口的关闭按钮"×"。

方法二：单击"文件"→"退出"命令。

方法三：单击标题栏中的软件图标，在弹出的控制菜单中选择"关闭"命令。

方法四：双击标题栏中的软件图标。

方法五：按"Alt＋F4"键。

4.1.3　Excel 窗口简介

1) 标题栏

位于窗口顶部，包含软件图标、快速访问工具栏、当前工作簿的文件名称和软件名称，如图 4-1 所示。

图 4-1　Excel 2010 的窗口组成

（1）软件图标：包含了"还原""移动""大小""最小化""最大化""关闭"6 个命令。

（2）快速访问工具栏：包含了"新建""打开""保存""撤销""恢复""升序排序""降序排序""打开最近使用过的文件"等快捷方式。

2) 功能区

位于标题栏下方，包含"文件""开始""插入""页面布局""公式""数据""审阅""视图"8 个主选项卡。

3) 编辑区

位于功能区下方，包含"名称框""插入函数""编辑栏"3 个功能。

(1) 名称框:用于显示活动单元格地址,查找单元格地址或单元格区域,给单元格地址或单元格区域重命名。

(2) 插入函数:用于插入所需要的函数。

(3) 编辑栏:用来输入或编辑当前单元格的内容、值或公式。

(4) 工作区:用于输入或编辑单元格。

(5) 状态栏:位于窗口的底部,用于显示操作状态(输入或就绪)、视图按钮和显示比例。在为单元格输入数据时,状态栏显示"输入"。输入完毕后,状态栏显示"就绪",表示准备接收数据或命令。

(6) 滚动条。

(7) 工作簿窗口:在 Excel 中还有一个小窗口,称为工作簿。工作簿窗口下方左侧是当前工作簿的工作表标签(显示工作表的名称),单击工作簿窗口的最大化按钮将与 Excel 窗口合二为一。

4.1.4 工作簿、工作表、单元格

在 Excel 2010 中,一个工作簿就类似于一本笔记簿,每一页就相当于一个工作表,每页上的一个格子就相当于一个单元格。

1) 工作簿

是用于处理和存储数据的文件(其扩展名为.xlsx),启动 Excel 后,将自动新建一个名为"工作簿1.xlsx"的工作簿窗口。一个工作簿最多可以含有 255 个工作表,默认情况下,工作簿中会打开 3 张工作表(Sheet1、Sheet2、Sheet3),也可以根据需要改变新建工作簿时默认的工作表数,一个工作簿中最少必须打开 1 张工作表。

说明:一个工作簿就是一个 Excel 文件,工作簿名就是文件名,可同时打开多个工作簿,但只能对当前这一个工作簿进行操作。

2) 工作表

是显示在工作簿窗口中的表格,用于存储和处理数据。工作表由单元格、行号、列标、工作表标签等组成,一个工作表由 65 536 行和 256 列构成,单击某个工作表标签,可以选择该工作表为活动工作表(高亮显示且工作表名称有下划线),如图 4-2 所示。

图 4-2 工作表标签

行号:1、2、3、…、65 536

列标:A~Z、AA~AZ、BA~BZ、…、IA~IV($9 \times 26 + 22 = 256$)

说明:工作表滚动按钮

⃖ 显示第一个工作表　　　　　⃗ 显示最后一个工作表

◀ 显示前一张工作表　　　　　▶ 显示后一张工作表

3) 单元格地址和单元格区域命名

工作表中行列交汇处的区域称为单元格,是工作表存储数据的基本单元,它可以保存数值、文字、声音等数据,单击某单元格使之成为活动单元格(当前单元格)。单元格地址由"行号"和"列标"组成,列标在前,行号在后,如第 9 行、第 4 列的单元格地址是"D9"。列标由字母标识(从 A 到 IV,共 256 列),行号由数字标识(从 1 到 65 536)。如表 4-1 和图 4-3 所示。

表 4-1　单元格地址和单元格区域命名

若要引用	请使用
列 A 和行 10 交叉处的单元格	A10
在列 A 和行 10 到行 20 之间的单元格区域	A10:A20
在行 15 和列 B 到列 E 之间的单元格区域	B15:E15
行 5 中的全部单元格	5:5
行 5 到行 10 之间的全部单元格	5:10
列 H 中的全部单元格	H:H
列 H 到列 J 之间的全部单元格	H:J
列 A 到列 E 和行 10 到行 20 之间的单元格区域	A10:E20

说明:当前单元格地址显示在名称框中,而当前单元格的内容同时显示在当前单元格和数据编辑栏中。

图 4-3　工作表的行与列

4.2 Excel 基本操作

4.2.1 工作簿新建、打开、保存、关闭

1) 新建工作簿

用户可创建两种工作簿:空白工作簿和使用模板创建工作簿。

(1) 创建空白工作簿。

方法一:启动 Excel 系统自动新建空白工作簿。

方法二:单击"文件"选项卡下的"新建"命令,在"可用模板"下双击"空白工作簿"。

方法三:按"Ctrl+N"组合快捷键可新建空白工作簿。

(2) 使用模板创建工作簿。

单击"文件"选项卡下的"新建"命令,在"Office.com 模板"区域选择合适的模板,单击"创建"按钮,就可快速创建一个带有格式和内容的工作簿。

2) 打开工作簿

单击"文件"选项卡下的"打开"命令打开想要编辑的工作簿。

3) 保存工作簿并设置密码

(1) 保存新建工作簿。单击"文件"选项卡下的"保存"或"另存为"命令,打开"另存为"对话框,在对话框中选定工作簿位置,输入名字,然后单击"保存"按钮保存工作簿。

(2) 保存已有工作簿。保存已有的、正在编辑的工作簿,并且工作簿名称和保存位置不改变,可单击快速访问工具栏中的"保存"按钮。

(3) 为工作簿设置密码。单击"文件"选项卡下的"保存"或"另存为"命令,打开"另存为"对话框,单击对话框右下角的"工具"按钮,在下拉列表中选择"常规选项",打开"常规选项"对话框,输入密码,单击"确定"按钮,如图 4-4 所示。

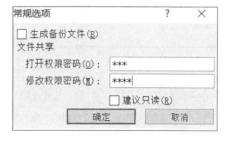

图 4-4 为工作簿设置密码

4) 关闭工作簿

单击"文件"选项卡下的"关闭"命令,关闭当前打开的工作簿。修改文件后,当执行"关闭"命令关闭文件时,会弹出是否保存所修改文件的对话框,点击"是"按钮,保存;点击"否"按钮,则放弃已做修改并关闭。

4.2.2 输入数据

在 Excel 中可以输入数值、文本、日期和公式等各种类型的数据。先单击目标单元格,使之成为当前单元格,然后输入数据。

1) 输入数据

方法主要有以下三种:

方法一:单击单元格直接输入;

方法二:单击目标单元格,再单击编辑栏,在编辑栏中输入、编辑和修改数据;

方法三:双击目标单元格,单元格出现插入光标,将光标移动到所需位置后,即可输入数据。

2) 取消单元格数据的输入

有以下两种方法:

方法一:按 Esc 键;

方法二:单击编辑栏中的"×"按钮。

3) 输入文本

文本包括数字、字母、特殊符号、空格以及一切能从键盘中输入的符号,例如作业、′431900、123 等。

说明:(1)文本型数据自动靠左对齐;(2)输入文本型数据时:数值前加单撇号(′),例如′4236885;(3)输入内容超过单元格宽度时:若右侧单元格内容为空,则超宽部分一直延伸到右侧单元格;若右侧单元格有内容,则超宽部分隐藏,不在右侧显示。

4) 输入数值

数值中可以出现:0~9、+、−、()、%、E、e、$,例如 $1,234、50%、856、+856、−856、(856)、1.23E+11 等。

说明:(1)数值型数据自动靠右对齐;(2)输入负数时:直接输入−856 或者输入(856);(3)输入数值时,若长度超过 11 位,则转换成科学计数法;(4)输入分数时:输入 0 分数,例如 0 1/2;(5)单元格宽度太小时会显示一串"♯"符号。

5) 输入日期和时间

(1) 输入日期:可以输入年-月-日、年/月/日、月-日、月/日,例如 2008 年 10 月 1 日、2008/10/1、08-10-1、10 月 1 日、10-01、10-1、10/01、10/1。

若要以日/月/年、日-月-年、日/月、日-月的形式输入日期,则月份必须用英文表示,例如 1/OCT/2003、1-OCT-2003、1/OCT、1-OCT。

默认状态下,当用户输入两位数字的年份时,会出现以下情况:年份为 00~29 之间时,Excel 解释为 2000~2029 年;年份为 30~99 之间时,Excel 解释为 1930~1999 年,例如 29/1/30 为 2029/1/30、35/5/2 为 1935/5/2。

若单元格首次输入的是日期,以后再输入数值仍然转换成日期。

(2) 输入时间:用":"分隔时、分、秒;时间可用 12 小时制或 24 小时制;若采用 12 小时制,AM 代表上午,PM 代表下午,省略则默认为上午。输入当前日期的快捷键组合是"Ctrl+;",输入当前时间的快捷键组合是"Ctrl+Shift+;"。

6) 智能填充

为了提高数据输入效率,Excel 提供了自动填充数据功能。在工作表中,可以将选择单元格中的内容复制到同行或者同列中的其他单元格。如果该单元格包含可扩展序列中的数字、日期和时间段,在操作过程中这些数值将按序列变化而不是简单复制。

(1) 填充相同数据(纯文字、纯数字)。

① 选中单元格指向填充柄拖动。

② 利用"编辑"菜单：选中单元格区域后，单击"编辑"选项卡中的"填充"选项，有"向下""向右""向左""向上"等多个填充选项。

③ 填充相同的日期和时间：按住 Ctrl 键不放，拖动指向填充柄。

（2）序列填充。

单击"编辑"选项卡下的"填充"选项，选择"系列"按钮，弹出"序列"对话框，输入步长值和终止值完成序列填充，如图 4-5 所示。

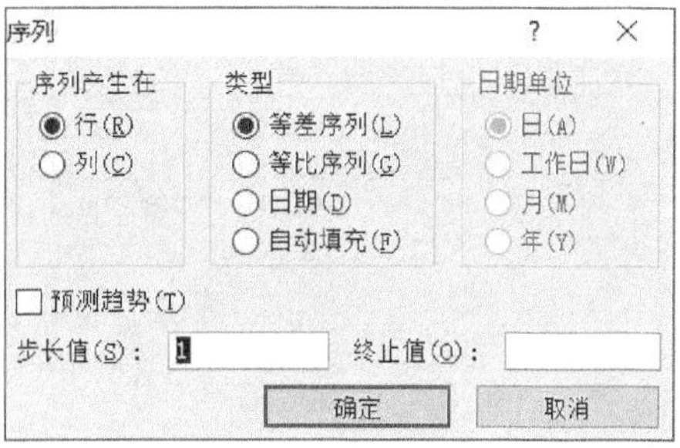

等差序列：初始值与步长值的和为第二个值，而其他后续值是当前值与步长值的和。

等比序列：初始值与步长值的乘积为第二个值，而其他后续值为当前值与步长值的乘积。

① 填充纯数字序列：在前两个初始单元格中，输入序列的前两个数，选中这两个单元格后，拖动指向填充柄。

② 递增、递减填充序列：选中单元格，按住 Ctrl 键不放，将指向填充柄向右或向下拖动将递增填充序列；向下或向左拖动将递减填充序列。

③ 填充日期和时间序列：选中单元格，拖动指向填充柄。

④ 基于已有项目列表的自定义填充序列：首先在工作表的单元格中依次输入一个序列的每个项目，如第一组、第二组、第三组、第四组，然后选择该序列所在的单元格区域。单击"文件"选项卡，在下拉菜单中单击"选项"按钮。在弹出的"Excel 选项"对话框中，单击左侧列表中的"高级"按钮，在右侧栏中下拉找到 Web 选项中的"编辑自定义列表"并单击，如图 4-6 所示。

图 4-5　序列填充

图 4-6　在"Excel 选项"对话框的"高级"区中自定义序列

打开"自定义序列"对话框。此时工作表中已经输入序列的单元格引用显示在"从单元格中导入序列"文本框中，如图 4-7 所示，单击"导入"按钮，选定的项目将会添加到"自定义序列"列表框中。

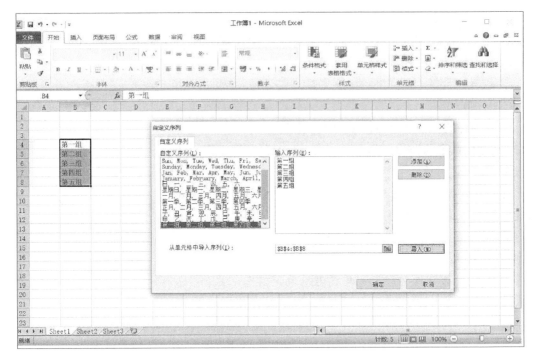

图 4-7 "自定义序列"对话框

Excel 中可扩展序列有很多,如表 4-2 所示。

表 4-2 可扩展序列

初始选择	扩展序列
1,2,3	4,5,6…
7:00	8:00,9:00,10:00…
Mon	Tue,Wed,Thu…
Jan	Feb,Mar,Apr…
一月,四月	七月,十月,一月…
1月1日,3月1日	5月1日,7月1日,9月1日…
1AB	2AB,3AB…
产品 1	产品 2,产品 3…

4.2.3 编辑工作簿

1)选定工作表

(1)选择一组相邻的工作表:可先选第一个工作表,按住 Shift 键,再单击最后一个表的标签。

(2)选择不相邻的工作表:按住 Ctrl 键,依次单击要选择的每个表的标签。

(3)选定工作簿中的所有工作表:可从表标签快捷菜单中选择"选定全部工作表"。

当用户选定多个工作表后,工作簿标题栏中的文件名将会增加"[工作组]"字样,形成工作表组,如图 4-8 所示。

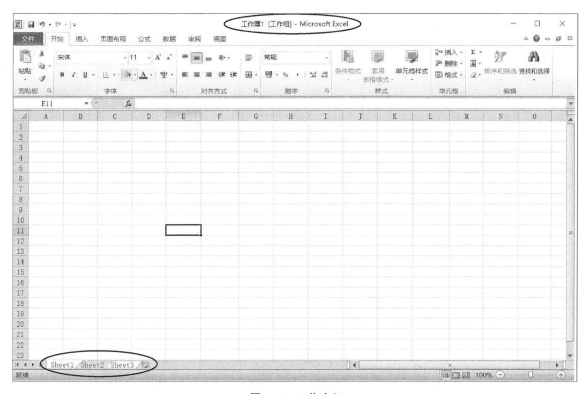

图 4-8　工作表组

2) 重命名工作表

方法一:双击要更改名称的工作表标签,输入新名称。

方法二:右击要更改名称的工作表标签,在弹出的快捷菜单中选择"重命名",然后输入新的名称。

3) 插入工作表

新建的工作簿中默认有 3 张工作表,可根据需要,在工作簿中插入新的工作表。

方法一:在现有工作表的末尾插入新工作表,单击窗口底部工作表标签后侧的"插入工作表"按钮。

方法二:右击现有工作表标签,在快捷菜单中选择"插入"选项,在弹出的"插入"对话框的"常用"选项卡中选择"工作表",然后单击"确定"按钮。

方法三:单击"开始"选项卡→"单元格"组→"插入"右边的下三角按钮,在其下拉列表中选择"插入工作表"选项,就可以在当前编辑的工作表前面插入一个新的工作表,并且会把当前工作表自动设置为新建的工作表。

4) 删除工作表

方法一:选中要删除的工作表,单击"开始"选项卡→"单元格"组→"删除"右边的下三角按钮,在其下拉列表中选择"删除工作表"选项。

方法二:在要删除的工作表标签上右击,在弹出的快捷菜单中选择"删除"。

5)移动或复制工作表

（1）移动工作表

在标签栏中选择要移动的工作表标签并右击，在打开的快捷菜单中选择"移动或复制"选项，打开"移动或复制工作表"对话框，如图4-9所示。在对话框中选定工作表的移动位置，单击"确定"按钮。

还可以在要移动的工作表的标签上按下鼠标左键，然后拖动鼠标，同时可以看到鼠标箭头上多了一个文档的标记，在标签栏中有一个黑色的三角指示着工作表拖到的位置，在到达要拖放的位置后松开鼠标左键，就把工作表的位置改变了。

（2）复制工作表

在Excel中，可以将工作表复制到当前工作簿的其他位置，也可以将其复制到其他工作簿中。选中要复制的工作表，打开"移动或复制工作

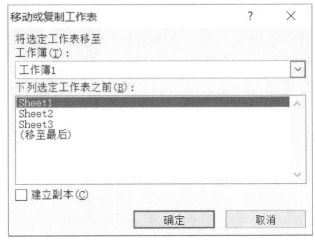

图4-9 "移动或复制工作表"对话框

表"对话框，并勾选"建立副本"复选框，确定选定工作表的复制位置后，单击"确定"按钮。

还可以用鼠标拖动要复制的工作表的标签，同时按下Ctrl键，鼠标上的文档标记会增加一个小的加号，拖动鼠标到要增加新的工作表的地方，就把选中的工作表制作了副本。

6）拆分窗口

若要在同一屏幕查看相距甚远的两个区域的单元格，可对工作表进行横向、纵向分割，拆分为多个窗口。单击"视图"选项卡→"窗口"组→"拆分"命令，移动鼠标指针指到拆分框上，点击并拖动鼠标，可随意改变拆分边框的大小。可把一张工作表拆分成四个窗口，分别显示同一张工作表的不同部分。

7）冻结窗口

冻结窗口指冻结选中单元格上方的区域，即在滚动窗口时单元格上部的内容始终显示在窗口中。在处理表格时，如果要经常比较标准数据，就需要使用窗口冻结功能。

要冻结窗口，单击"视图"选项卡→"窗口"组→"冻结窗格"按钮，在打开的下拉列表中选择"冻结拆分窗格"。单击"冻结窗格"→"取消冻结拆分窗格"命令即可撤销冻结。

4.2.4 编辑工作表

1）选择单元格

在选择单元格进行操作之前，务必要选定单元格或单元格区域，使它处于活动状态，才可以进行编辑、删除等操作。

（1）选定单个单元格：直接单击目标单元格，也可以利用键盘上的方向键，直到光标定位在需要选定的单元格上即可。

（2）选定多个相邻的单元格：在要选择区域的开始单元格上按下鼠标左键，拖动鼠标到最终单元格。

（3）选定多个不相邻单元格：先按住 Ctrl 键，再单击要选择的单元格。

（4）按住 Ctrl 键可以选择连续的多行、多列，不连续的多行、多列，甚至行、列、单元格混合选择等。

（5）选定整行、整列或者整个工作表：单击行号可以选中整行，单击列号可以选中整列，单击"全选"按钮(表格左上角的第一个格)可以选中整个工作表。

（6）取消选择：单击任何一个单元格即可取消选定的单元格区域。

2) 编辑单元格数据

（1）数据的修改和删除

双击单元格就可以编辑单元格中的数据(修改、删除)。

删除数据可以采用以下两种方法：

方法一：选定要删除的单元格或单元格区域后按 Delete 键即可。

方法二：单击"开始"选项卡→"编辑"组→"清除"命令，在打开的下拉列表中进行相应的选择即可。

（2）数据的复制

方法一：选取需要复制的单元格，单击"开始"选项卡→"剪贴板"组→"复制"；把光标定位在目标单元格后，再单击"开始"选项卡→"剪贴板"组→"粘贴"命令。

方法二：使用右键菜单，选取需要复制的单元格并右击，从弹出的快捷菜单中选择"复制"；把光标移动到目标位置并右击，从弹出的快捷菜单中选择"粘贴"。

方法三：使用快捷键，选取需要复制的单元格，按"Ctrl＋C"组合键进行复制；把光标移动到目标位置，再按"Ctrl＋V"组合键进行粘贴。

3) 插入行、列与单元格

单击"开始"选项卡→"单元格"组→"插入"的下拉菜单，选择"插入单元格"选项，在弹出的插入对话框中可进行行、列和单元格的插入，选择的行数或列数即是插入的行数或列数，如图 4-10 所示。

图 4-10 "插入"对话框

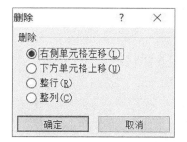

图 4-11 "删除"对话框

4) 删除单元格、行、列

选定要删除的行、列或单元格，单击鼠标右键，在弹出的快捷菜单中选择"删除"命令，即可完成行、列或单元格的删除,此时,单元格的内容和单元格将一起从工作表中消失,其位置由周围的单元格补充。而此时按 Delete 键,将仅删除单元格的内容,空白单元格、行或列仍保留在工作表中,如图 4-11 所示。

5) 清除

清除就是清除单元格中的数据内容、格式、批注等,而不是删除单元格本身。选定要清除内容的单元格,单击"开始"选项卡→"编辑"命令组→"清除"按钮,在下拉列表中选择"清除内容"命令,即可完成单元格的清除。

6) 批注

批注是为单元格加注释。一个单元格添加了批注后,会在单元格的右上角出现一个三角标志,当鼠标指针指向这个标志时,显示批注信息。

(1) 添加批注:选定要添加批注的单元格,选择"审阅"选项卡的"新建批注"命令(或单击鼠标右键选择"插入批注"命令),在弹出的批注框中输入批注文字,单击批注框外部的工作表区域即可退出。

(2) 编辑、删除批注:选定有批注的单元格,单击鼠标右键,在弹出的菜单中选择"编辑批注"或"删除批注",即可对批注信息进行编辑或删除已有的批注信息。

7) 保护工作表

Excel 可以有效地对工作表中的数据进行保护。如设置密码,不允许无关人员访问;也可以保护某些工作表或工作表中的某些单元格的数据,防止无关人员非法修改。

保护工作表的方法:

(1) 使要保护的工作表成为当前工作表。

(2) 单击"审阅"选项卡→"更改"命令组→"保护工作表"命令,出现"保护工作表"对话框,如图 4-12 所示。

(3) 选中"保护工作表及锁定的单元格内容"复选框,在"允许此工作表的所有用户进行"下提供的选项中选择允许用户操作的项。为防止他人取消工作表保护,可以键入密码,单击"确定"按钮。

图 4-12 "保护工作表"对话框

如果要取消保护工作表,选择"更改"命令组中的"撤消工作表保护"命令即可。

8) 隐藏

Excel 中除了对工作簿和表进行密码保护外,还可以赋予"隐藏"特性,使之可以使用,但是其内容不可见,从而得到一定程度的保护。

(1) 隐藏工作簿:当用户同时打开多个工作簿的时候,可以暂时隐藏其中一个或几个,需要时再显示出来,操作步骤如下:

步骤 1:切换到需要隐藏的工作簿窗口。

步骤 2:单击"视图"选项卡→"窗口"组→"隐藏"按钮,即把当前工作簿隐藏;单击"取消隐藏"按钮就取消了隐藏。

（2）隐藏工作表：用户右击需要隐藏的工作表标签，在弹出的快捷菜单中选择"隐藏"即可，也可以单击"视图"选项卡→"窗口"组→"隐藏"按钮；单击"取消隐藏"按钮就取消了隐藏。

（3）隐藏行/列：选择需要调整的行/列，单击"开始"选项卡→"单元格"组→"格式"按钮，在其下拉列表中选择"隐藏和取消隐藏"→"隐藏行/列"。

4.3 格式化工作表

格式化工作表是对工作表中的数据的对齐方式、字体、字形、边框、颜色等进行设置，使之美观清晰。

4.3.1 设置数字格式

数字格式是指工作表中数字的显示形式，改变数字的格式不影响数字本身，数值会显示在编辑栏中。

一般情况下，直接输入的数字没有格式，有时用户需要为数字设置固定的小数位数，或设置为货币型的显示格式等，操作步骤如下：

（1）选中要设置数字格式的单元格。

（2）单击"开始"选项卡→"数字"组→"数字格式"右侧的下三角按钮，在打开的下拉列表中可以选择相应的数字格式，如图 4-13 所示。

（3）如果用户想设置更加详细的数字格式，就在下拉列表选择"其他数字格式"，弹出"设置单元格格式"对话框，在"数字"选项卡中设置数字的格式，如图 4-14 所示。

图 4-13 常用数字格式　　　　图 4-14 "数字"选项卡

4.3.2 设置对齐格式

工作表中对数据的对齐格式有垂直对齐和水平对齐两种,设置操作步骤如下:

(1) 选中要设置对齐格式的单元格;

(2) 在"开始"选项卡→"对齐方式"组中单击相应的按钮进行对齐方式的设置;

(3) 也可以单击"对齐方式"右下角的按钮,启动"设置单元格格式"对话框,在"对齐"选项卡中设置数据的对齐格式,如图 4-15 所示。

图 4-15 "对齐"选项卡

4.3.3 设置字体

工作表中数据的字体格式设置操作方法如下:

(1) 选中要设置字体格式的单元格;

(2) 单击"开始"选项卡→"字体"组右下角的对话框启动器,启动"设置单元格格式"对话框,在"字体"选项卡中设置字体的格式,如图 4-16 所示。

4.3.4 设置边框和底纹

工作表中默认是没有边框线的,表格中的网格线只是用于显示,不会被打印。用户不但可以给表格添加边框线,还可以为单元格设置底纹颜色,操作步骤如下:

(1) 选中要添加边框的单元格。

(2) 单击"开始"选项卡→"字体"组→"边框"按钮右侧的下三角按钮,在打开的下拉列表中选择相应的边框线。如果用户想自己定义边框线,就在下拉列表中选择"其他边框"选

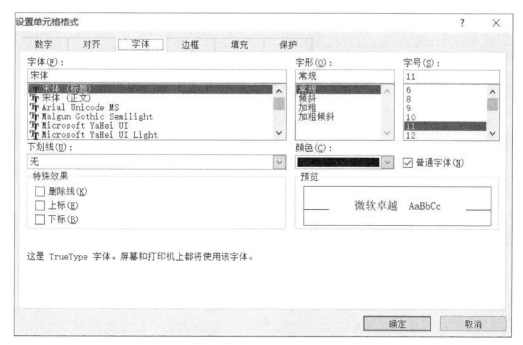

图 4-16 "字体"选项卡

项,弹出"设置单元格格式"对话框,在"边框"选项卡中设置边框线以及线的颜色,如图 4-17 所示。

图 4-17 "边框"选项卡

（3）单击"开始"选项卡→"字体"组→"填充颜色"按钮右侧的下三角按钮，在打开的颜色列表框中可进行底纹的设置。也可以在"设置单元格格式"对话框的"填充"选项卡中进行底纹颜色的设置，如图4-18所示。

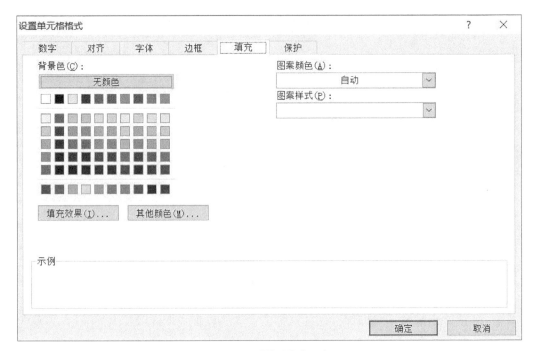

图 4-18 "填充"选项卡

4.3.5 高级格式化工作表

除了对数据表进行基本的格式设置外，还可以进行高级的格式设置（如自动套用格式、套用表格格式、使用主题和条件格式设置）。

1) 自动套用格式

（1）用户可以使用 Excel 提供的大量内置的表格格式集合（包括字体、底纹和对齐等），来自动设置单元格格式。

（2）选择需要设置样式的单元格，单击"开始"选项卡→"样式"组→"单元格样式"按钮，打开内置样式列表，如图4-19所示。

（3）单击选择某一种样式，即把该样式应用到所选择的单元格中。

（4）如果需要自定义样式，可选择"新建单元格样式"，在打开的"样式"对话框中输入样式名，单击"确定"按钮设置新的样式，如图 4-20 所示。

2) 套用表格样式

套用表格样式是 Excel 内置为数据区域设置的格式，通过套用表格格式功能，可以快速格式化工作表，大大提高工作效率。操作步骤如下：

（1）选择需要设置格式的整个数据区域（数据区域不能包含合并的单元格）。

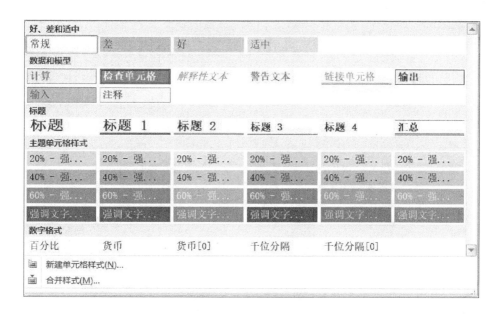

图 4-19　内置样式列表

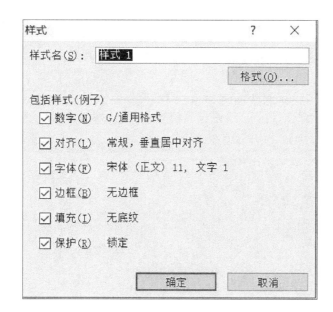

图 4-20　"样式"对话框

（2）单击"开始"选项卡→"样式"组→"套用表格格式"按钮，打开内置样式列表，如图 4-21 所示。

（3）单击某一种样式，即把该样式应用到所选择的数据区域内。

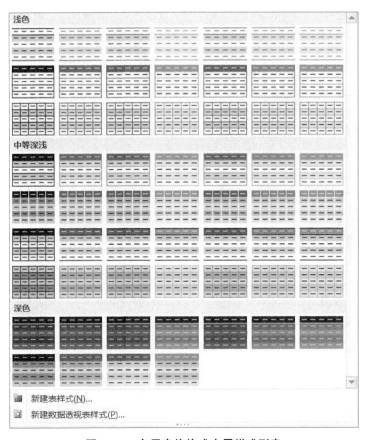

图 4-21　套用表格格式内置样式列表

（4）如果需要自定义快速样式，可单击"新建表样式"命令，在打开的"新建表快速样式"对话框中输入样式名，单击"格式"按钮设置新的表样式，如图 4-22 所示。

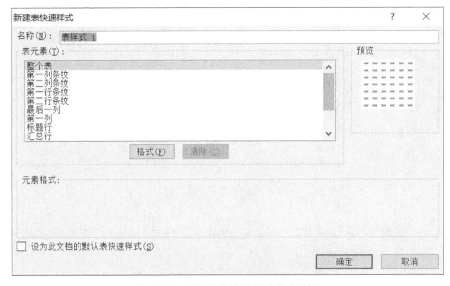

图 4-22　"新建表快速样式"对话框

3) 使用主题

主题是一种格式集合,包含主题颜色、主题字和主题效果等。通过应用文档主题,可以快速设定文档格式基调。Excel 不但提供大量内置的文档主题,还允许用户自定义主题。并且文档主题在各种 Office 应用程序间共享,这样所有的 Office 文档都将具有统一的外观。

(1) 打开应用主题的工作簿文件;

(2) 单击"页面布局"选项卡→"主题"组→"主题"按钮,打开自定义主题样式列表,如图 4-23 所示,在其中选择一个即可。

图 4-23 自定义主题样式

4) 条件格式设置

条件格式是指当前指定条件为真时,Excel 自动应用于单元格的格式。

(1) 选择需要设置条件格式的整个区域(数据区域不能包含合并的单元格);

(2) 单击"开始"选项卡→"样式"组→"条件格式"按钮,在下拉列表中选择"新建规则",弹出"新建格式规则"对话框,如图 4-24 所示,在该对话框中可以进行单元格格式的条件设置。

为数据设置条件格式的操作步骤如下:

(1) 选中要设置数据格式的单元格;

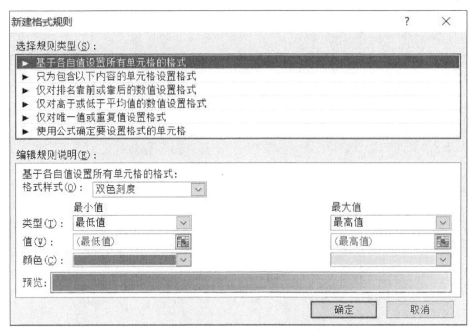

图 4-24 "新建格式规则"对话框

（2）单击"开始"选项卡"样式"组→"条件格式"按钮，然后在下拉列表中选择"凸出显示单元格规则"→"大于"，打开"大于"对话框，在对话框中进行条件和格式的设置，设置完参数后，数据表中的数据格式就能即时预览到，如图 4-25 所示。

图 4-25 设置数据的条件格式

4.4 公式与函数的使用

在 Excel 中不仅能输入数据并进行格式化，更为重要的是可以通过公式和函数对数据进行计算（如求和、求平均值、求最大值、计数等）。为此，Excel 提供了大量类型丰富的函数，可以通过各种运算符及函数构造出各种公式以满足各类计算的需要。通过公式和函数计算出的结果的正确率有保证，而且在原始数据发生改变后，计算结果能够自动更新。

4.4.1 公式

在 Excel 中,公式是可以进行以下操作的方程式:执行计算、返回信息、操作其他单元格的内容、测试条件等,其中,公式始终以"="开头。

1) 公式的组成

(1) 函数:函数是预先编写的公式,可以对一个或多个值执行计算,并返回一个或多个值。函数可以简化和缩短工作表中的公式,尤其是在用公式执行很长或复杂的计算时[如 PI()函数返回值 3.141…]。

(2) 引用:单元格引用用于表示单元格在工作表上所处位置的坐标集。如显示在第 A 列和第 2 行交叉处的单元格,其引用形式为"A2"。

(3) 运算符:一个标记或符号,指定表达式内执行计算的类型,有数学、比较、逻辑和引用运算符等。

(4) 常量:在运算中值不变的量。

2) 单元格的引用

单元格的引用分为绝对引用、相对引用和混合引用。

(1) 绝对引用:绝对引用是指引用工作表中固定位置的单元格,如"位于第 B 列、第 3 行的单元格"。复制公式时,绝对引用单元格将不随公式位置变化而变化。在行号和列号前均加上"$"符号,代表绝对引用,如$B$3。

(2) 相对引用:相对引用是指引用相对于公式所在单元格相应位置的单元格,如"本单元格上一行的单元格"。Excel 中默认的单元格引用为相对引用,如 D2、E7 等。

(3) 混合引用:混合引用是指在单元格地址的行号或列号前加上"$"符号,如$D2 或 E$5。当公式单元因为复制或插入而引起行、列变化时,公式的相对地址部分会随位置变化,而绝对地址部分不会发生变化。

3) 运算符

Excel 包含四种类型的运算符:算术运算符、比较运算符、文本运算符和引用运算符。

(1) 算术运算符。

要完成基本的数学运算,如加法、减法和乘法,连接数字和产生数字结果等,可使用如表 4-3 所示的算术运算符。

表 4-3 算术运算符列表

算术运算符	含义	示例
+(加号)	加	3+3
-(减号)	减	3-1
*(星号)	乘	3*3
/(斜杠)	除	3/3
%(百分号)	百分比	20%
^(脱字符)	乘方	3^2(与 3*3 相同)

(2) 比较运算符。

可以使用如表 4-4 所列的操作符比较两个值。

表 4-4　比较运算符列表

比较运算符	含义	示例
=（等号）	等于	A1=B1
>（大于号）	大于	A1>B1
<（小于号）	小于	A1<B1
>=（大于等于号）	大于等于	A1>=B1
<=（小于等于号）	小于等于	A1<=B1
<>（不等号）	不等于	A1<>B1

当用操作符比较两个值时，结果是一个逻辑值，不是 True 就是 False。

(3) 文本运算符。

使用和号（&）加入或连接一个或更多字符串以产生一大片文本，如表 4-5 所示。

表 4-5　文本运算符

文本运算符	含义	示例
&（ampersand）	将两个文本值连接或串起来产生一个连续的文本值	"North" & "wind" 产生 "Northwind"

(4) 引用运算符。

引用如表 4-6 中所示的运算符可以将单元格区域合并计算。

表 4-6　引用运算符

引用运算符	含义	示例
:（colon）	区域运算符，对两个引用之间，包括两个引用在内的所有单元格进行引用	B5:B15
,（逗号）	联合操作符将多个引用合并为一个引用	SUM(B5:B15,D5:D15)
（空格）	交叉运算符，表示几个单元格区域所共有的那些单元格	B7:D7　C6:C8 表示这两个单元格区域共有单元格为 C7

4.4.2　公式的输入和编辑

1) 输入公式

首先选中要显示公式运算结果的单元格，使其成为活动单元格。输入等号"="，然后输入常量、引用等，输入结束后按 Enter 键，计算结果会显示在单元格中。

例如：单元格 A1 中存放商品的单价，B1 中存放该商品销售数量，问该商品销售额是多少？并将计算值存放在 C1 中。使用公式完成运算的操作步骤如下：

选择 C1 单元格，在编辑栏中直接输入"=A1＊B1"，输入结束后按 Enter 键，此时单元格中就显示公式的值,如图4-26所示。

2) 编辑公式

编辑公式和编辑普通的数据一样,可以进行复制和粘贴。

(1) 修改公式:双击公式所在的单元格进入编辑状态,在单元格及编辑栏内均会显示公式本身,在单元格或编辑栏内进行修改即可,修改完毕后按 Enter 键确认。

图4-26 公式的使用

如要删除公式,只需单击选择单元格,然后按 Delete 键。

(2) 复制公式:先选中一个含有公式的单元格,然后单击"开始"选项卡→"剪贴板"组→"复制"按钮,再选中目标单元格,单击"开始"选项卡→"剪贴板"组→"粘贴"按钮,公式就复制到目标单元格中了。

(3) 自动填充公式:公式可以像数据一样使用填充柄进行复制,从而实现自动填充。自动填充复制的不是数据,而是公式,自动填充采用的是单元格的相对引用。

4.4.3 函数

Excel 提供了很多用于计算的函数,函数是预先定义好的内置公式,一般形式为函数名(参数1,参数2……)。不同的函数需要的参数个数和类型不同,参数可以是常量、逻辑值、单元格、区域、已定义好的名称和其他函数等。

与输入公式相同,输入函数必须以等号"="开始。

1) 函数的分类

Excel 按照功能把函数分为数学和三角函数、统计函数、文本函数、多维数据集函数、数据库函数、日期和时间函数、工程函数、财务函数、信息函数、逻辑函数、查找和引用函数以及兼容函数。

2) 函数的输入

函数的输入和公式输入类似,可以通过"函数库"或"插入函数"完成。

(1) 通过"函数库"输入。

首先选中要显示公式运算结果的单元格,使其成为活动单元格;输入"=",然后单击"公式"选项卡→"函数库"组中选择某一函数类别,如图4-27所示;在打开的函数列表中单击所需要的函数,打开如图4-28所示的"函数参数"对话框,在对话框中设置函数的参数;设置完毕,单击"确定"按钮。

图4-27 单击函数类别

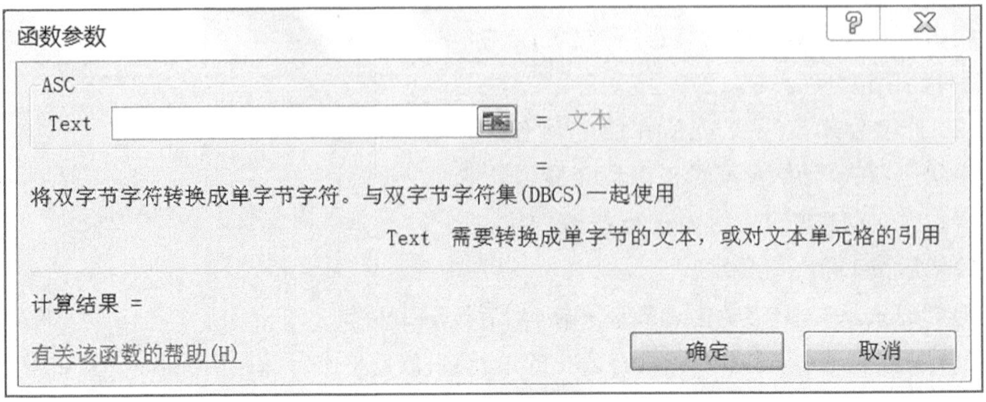

图 4-28 "函数参数"对话框

(2) 通过"插入函数"按钮输入。

首先选中要显示公式运算结果的单元格,使其成为活动单元格;输入"=",然后单击"公式"选项卡→"函数库"组→"插入函数"按钮;打开"插入函数"对话框,如图 4-29 所示,在对话框中选择需要的函数,单击"确定"按钮。

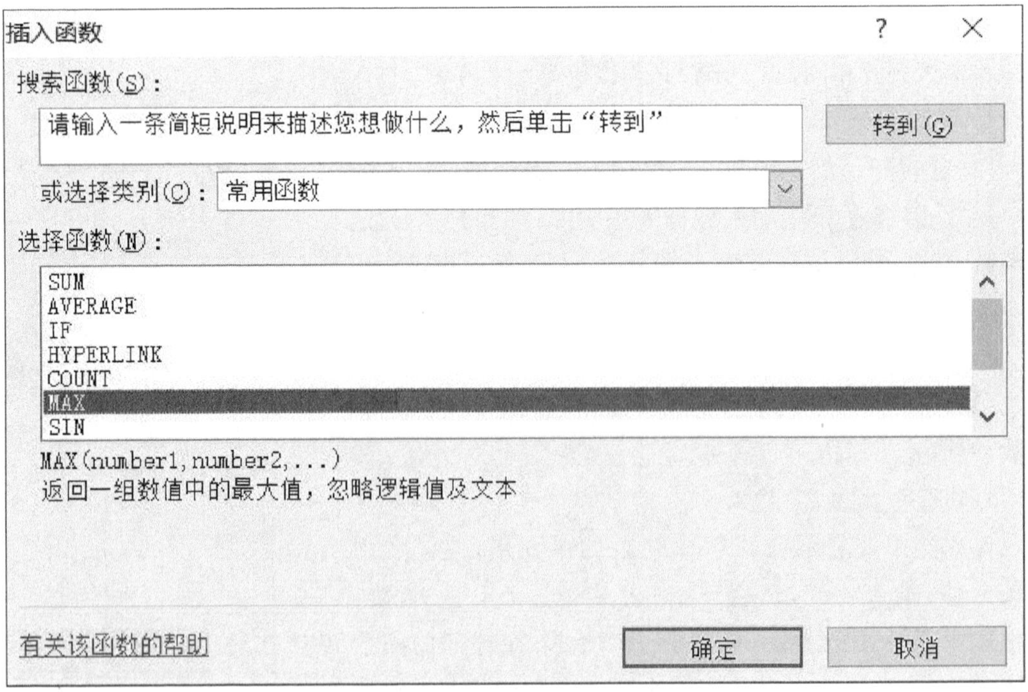

图 4-29 "插入函数"对话框

3) Excel 的常用函数

(1) ABS 函数

表 4-7 ABS 函数

主要功能	求出相应数字的绝对值
使用格式	ABS(Number)
参数说明	Number 代表需要求绝对值的数值或引用的单元格
应用举例	如果在 B2 单元格中输入公式"＝ABS(A2)"，则在 A2 单元格中无论输入正数还是负数，B2 中均显示出正数

(2) AVERAGE 函数

表 4-8 AVERAGE 函数

主要功能	求出所有参数的算术平均值
使用格式	AVERAGE(Number1，Number2，…)
参数说明	Number1、Number2 代表需要求平均值的数值或引用单元格(区域)，参数不超过 255 个
应用举例	在 B8 单元格中输入公式"＝AVERAGE(B7:D7,F7:H7,7,8)"，确认后，即可求出 B7～D7 区域、F7～H7 区域中的数值和 7、8 的平均值
提　　示	如果引用区域中包含"0"值单元格，则计算在内；如果引用区域中包含空白或者字符单元格，则不计算在内

(3) COUNT 函数

表 4-9 COUNT 函数

主要功能	统计某个单元格区域中单元格数目
使用格式	COUNT(Value1，Value2，…)
参数说明	Value1，Value2，…代表要统计的区域中包含或引用的各种不同类型的数据，但只对数字型数据进行计数，参数不超过 255 个
应用举例	在 C17 单元格中输入公式"＝COUNT(B1:B13)"，确认后，即可统计出 B1～B13 单元格区域中单元格数目
提　　示	允许引用的单元格区域中有空白单元格

(4) COUNTIF 函数

表 4-10 COUNTIF 函数

主要功能	统计某个单元格区域中符合指定条件的单元格数目
使用格式	COUNTIF(Range，Criteria)
参数说明	Range 代表要统计的单元格区域；Criteria 表示指定的条件表达式
应用举例	在 C17 单元格中输入公式"＝COUNTIF(B1:B13)，"＞＝80")"，确认后，即可统计出 B1～B13 单元格区域中，数值大于或等于 80 的单元格数目
提　　示	允许引用的单元格区域中有空白单元格

(5) DATE 函数

表 4-11　DATE 函数

主要功能	给出指定数值的日期
使用格式	DATE(Year，Month，Day)
参数说明	Year 为指定的年份数值(小于 9999)；Month 为指定的月份数值(可以大于 12)；Day 为指定的天数
应用举例	在 C20 单元格中输入公式"=DATE(2003,13,35)"，确认后，显示出 2004-2-4

(6) DAY 函数

表 4-12　DAY 函数

主要功能	求出指定日期或引用单元格中的日期天数
使用格式	DAY(Serial_Number)
参数说明	Serial_number 代表指定的日期或引用的单元格
应用举例	输入公式"=DAY("2003-12-18")"，确认后，显示出"18"

(7) IF 函数

表 4-13　IF 函数

主要功能	根据对指定条件逻辑判断的真假结果，返回相对应的内容
使用格式	=IF(Logical_test，Value_if_true，Value_if_false)
参数说明	Logical_test 代表逻辑判断表达式；Value_if_true 表示当前判断条件为逻辑"真"(TRUE)时的显示内容，如果忽略则返回"TRUE"；Value_if_false 表示当前判断条件为逻辑"假"(FALSE)时的显示内容，如果忽略则返回"FALSE"
应用举例	在 C29 单元格中输入公式"=IF(C26>=18,"符合要求","不符合要求")"，确认以后，如果 C26 单元格中的数值大于或等于 18，则 C29 单元格显示"符合要求"字样，反之显示"不符合要求"字样

(8) INDEX 函数

表 4-14　INDEX 函数

主要功能	返回单元格或单元格区域中的数值或对数值的引用。该函数有两种使用方式
使用方式 1	
使用格式	INDEX(array,row_num,column_num)
参数说明	返回数组中指定单元格或单元格数组的数值。array 为单元格区域或数组常数；row_num 为数组中某行的行序号，函数从该行返回数值；column_num 为数组中某列的列序号，函数从该列返回数值。需注意的是 row_num 和 column_num 必须指向 array 中的某一单元格，否则，函数 INDEX 返回错误值"#REF!"
使用方式 2	
使用格式	INDEX(reference,row_num,column_num,area_num)
参数说明	返回引用中指定单元格或单元格区域的引用。reference 为对一个或多个单元格区域的引用；row_num 为引用中某行的行序号，函数从该行返回一个引用；column_num 为引用中某列的序号，函数从该列返回一个引用。需注意的是 row_num、column_num 和 area_num 必须指向 reference 中的单元格，否则，函数 INDEX 返回错误值"#REF!"。如果省略 row_num 和 column_num，函数 INDEX 返回由 area_num 所指定的区域

(9) INT 函数

表 4-15　INT 函数

主要功能	将数值向下取整为最接近的整数
使用格式	INT(Number)
参数说明	Number 表示需要取整的数值或包含数值的引用单元格
应用举例	输入公式"＝INT(17.67)",确认后显示出 17
提　　示	在取整时,不进行四舍五入,如果输入公式为"＝INT(−17.67)",则返回结果为−18

(10) LEFT 函数

表 4-16　LEFT 函数

主要功能	从一个文本字符串的第一个字符开始,截取指定数目的字符
使用格式	LEFT(Text,Num_chars)
参数说明	Text 表示要截取字符的字符串;Num_chars 表示给定的截取数目
应用举例	假定 A38 单元格中保存了"abcdef"的字符串,在 C38 单元格中输入公式"＝LEFT(A38,3)",确认后即显示出"abc"三个字符
提　　示	此函数名的英文意思是"左",即从左边开始截取

(11) LEN 函数

表 4-17　LEN 函数

主要功能	统计文本字符串中字符数目
使用格式	LEN(Text)
参数说明	Text 表示要统计的文本字符串
应用举例	假定 A41 单元格中保存了"abcdef"的字符串,在 C40 单元格中输入公式"＝LEN(A41)",确认后即显示出统计结果"6"
提　　示	LEN 函数在进行统计时,无论是全角字符还是半角字符,每个字符均计为"1";与之相对应的函数——LENB,在统计时半角字符计为"1",全角字符计为"2"

(12) MAX 函数

表 4-18　MAX 函数

主要功能	求出一组数中的最大值
使用格式	MAX(Number1,Number2,…)
参数说明	Number1,Number2,…表示需要求最大值的数值或引用单元格(区域),参数不超过 30 个
应用举例	输入公式"＝MAX(E44:J44,7,8,9,10)",确认后即可显示出 E44～J44 单元区域数值及 7、8、9、10 中的最大值

(13) MID 函数

表 4-19 MID 函数

主要功能	从一个文本字符串的指定位置开始,截取指定数目的字符
使用格式	MID(Text,Start_num,Num_chars)
参数说明	Text 表示一个文本字符串;Start_num 表示指定的起始位置;Num_chars 表示要截取的数目
应用举例	假定 A47 单元格中保存了"abcdef"的字符串,在 C47 单元格中输入公式"=MID(A47,4,3)",确认后即显示出"def"这几个字符
提 示	公式中各参数间要用英文状态下的逗号","隔开

(14) MIN 函数

表 4-20 MIN 函数

主要功能	求出一组数中的最小值
使用格式	MIN(Number1,Number2,…)
参数说明	Number1,Number2,…表示需要求最小值的数值或引用单元格(区域),参数不超过 30 个
应用举例	输入公式"=MIN(E44:J44,7,8,9,10)",确认后即可显示出 E44~J44 单元区域数值及 7、8、9、10 中的最小值
提 示	如果参数中有文本或逻辑值,则忽略

(15) MONTH 函数

表 4-21 MONTH 函数

主要功能	求出指定日期或引用单元格中的日期的月份
使用格式	MONTH(Serial_number)
应用举例	输入公式"=MONTH("2003-12-18")",确认后,显示出"12"
提 示	如果是给定的日期,包含在英文双引号中;如果将上述公式修改为"=YEAR("2003-12-18")",则返回年份对应的值"2003"

(16) NOW 函数

表 4-22 NOW 函数

主要功能	给出当前系统日期和时间
使用格式	NOW()
参数说明	该函数不需要参数
应用举例	输入公式"=NOW()",确认后即可显示当前系统日期和时间。如果系统日期和时间发生了改变,只要按一下 F9 键,即可让其随之改变

（17）RANK 函数

表 4-23　RANK 函数

主要功能	返回某一数值在一列数值中相对其他数值的排位
使用格式	RANK(Number,Ref,Order)
参数说明	Number 表示需要排序的数值；Ref 表示排序数值所处的单元格区域；Order 表示排序方式（如果为"0"或者忽略，则按降序排列，即数值越大，排名结果数值越小；如果为非"0"值，则按升序排名，即数值越大，排名结果数值越大）
应用举例	如在 C2 单元格中输入公式"=RANK(B2,＄B＄2:＄B＄31,0)"，确认后即可得出某一同学的语文成绩在全班成绩中的排名结果

（18）SUM 函数

表 4-24　SUM 函数

主要功能	计算所有参数值的和
使用格式	SUM(Number1，Number2，…)
参数说明	Number1，Number2，…表示需要计算的值，可以是具体的数值、引用的单元格（区域）、逻辑值等
应用举例	输入公式"=SUM(A1:A5)"，将单元格 A1～A5 中的所有数值相加；输入公式"=SUM(A1,A3,A5)"，将单元格 A1、A3 和 A5 中的数值相加

（19）SUMIF 函数

表 4-25　SUMIF 函数

主要功能	计算符合指定条件的单元格区域内的数值和
使用格式	SUMIF(Range,Criteria,Sum_range)
参数说明	Range 表示条件判断的单元格区域；Criteria 为指定条件表达式；Sum_range 表示需要计算的数值所在的单元格区域
应用举例	使用公式"=SUMIF(B2:B5,"John",C2:C5)"时，该函数仅对单元格区域 C2:C5 中与单元格区域 B2:B5 中等于"John"的单元格的值求和

（20）VALUE 函数

表 4-26　VALUE 函数

主要功能	将一个代表数值的文本型字符串转换为数值型
使用格式	VALUE(Text)
参数说明	Text 表示需要转换的文本型字符串数值
应用举例	如果 B74 单元格中是通过 LEFT 等函数截取的文本型字符串，在 C74 单元格中输入公式"=VALUE(B74)"，确认后即可将其转换为数值型
提　示	如果文本型数值不经过上述转换，在用函数处理时，常常返回错误

(21) VLOOKUP 函数

表 4-27　VLOOKUP 函数

主要功能	在数据表的首列查找指定的数值，并由此返回数据表当前行中指定列处的数值
使用格式	VLOOKUP(Lookup_value, Table_array, Col_index_num, Range_lookup)
参数说明	Lookup_value 表示需要查找的数值；Table_array 表示需要查找的单元格区域；Col_index_num 为在 Table_array 区域中待返回的匹配值的列序号（当 Col_index_num 为 2 时，返回 Table_array 第 2 列中的数值；为 3 时，返回第 3 列中的数值……）；Range_lookup 为一逻辑值，如果为 TRUE 或省略，则返回近似匹配值，也就是说，如果找不到精确匹配值，则返回小于 Lookup_value 的最大数值；如果为 FALSE，则返回精确匹配值，如果找不到，则返回错误值“#N/A”。

4.4.4　使用公式和函数解决问题

在图 4-30 所示的学生成绩表中使用公式（函数）计算出总成绩、名次、单科最高分、单科优秀率。

	A	B	C	D	E	F	G
1	学员成绩表						
2	学号	姓名	语文	英语	物理	总成绩	名次
3	2019001	李　思	67	78	82		
4	2019002	赵　文	89	66	74		
5	2019003	王云雨	76	45	62		
6	2019004	周　建	57	71	59		
7	2019005	孙宝芯	78	83	78		
8	2019006	杨　舟	62	95	83		
9	2019007	沈琳琳	73	67	73		
10	2019008	刘　佳	61	72	89		
11	2019009	姜　新	80	79	71		
12	2019010	陈　军	88	85	67		
13	2019011	张晓飞	91	63	73		
14	2019012	金　婷	69	74	78		
15	2019013	顾　猛	77	89	85		
16	2019014	董　群	64	90	94		
17	单科优秀率（90分以上）						
18	单科最高分						

图 4-30　学员成绩表

1) 利用公式求总成绩

总成绩的计算公式是：总成绩＝语文＋英语＋物理。

(1) 选中输入公式的单元格 F3；

(2) 输入等号“＝”；

(3) 在单元格或者编辑栏中输入公式，具体内容为“＝C3＋D3＋E3”；

(4) 按 Enter 键完成公式的创建，F3 单元格内显示该公式运算的结果；

(5) 选中 F3 单元格，将光标放在单元格的右下角，当光标变为细“＋”字，这时按下鼠标左键拖动鼠标把公式复制到 F4～F16 中，完成计算，运算结果如图 4-31 所示。

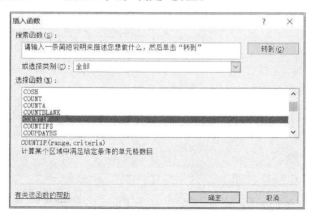

图 4-31　总成绩运算结果图

2）用函数计算单科优秀率

（1）选择单元格 C17，单击"公式"选项卡→"函数库"组→"插入函数 fx"，打开"插入函数"对话框，在对话框中"选择类别"下拉列表中选择全部，在"选择函数"列表框中选择"COUNTIF"函数，如图 4-32 所示，单击"确定"按钮。

图 4-32　"插入函数"对话框

（2）弹出"函数参数"对话框，在"Range"文本框中确定参数为"C3:C16"，在"Criteria"文本框中确定参数为"＞＝90"，如图 4-33 所示。

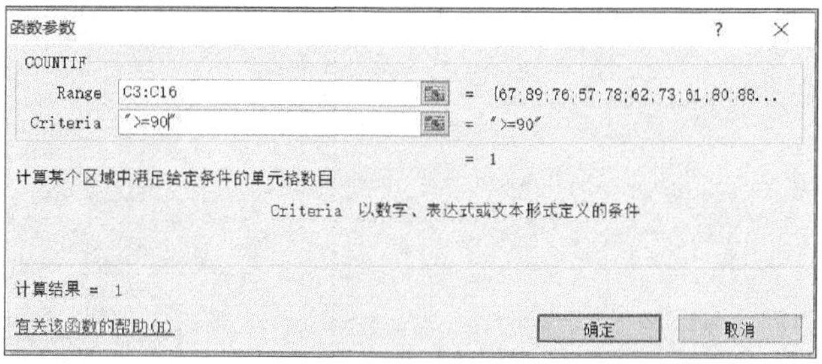

图 4-33　设置 COUNTIF 函数参数

（3）单击"确定"按钮返回 Excel，计算结束，运算结果如图 4-34 所示。

	A	B	C	D	E	F	G
1			学员成绩表				
2	学号	姓名	语文	英语	物理	总成绩	名次
3	2019001	李 思	67	78	82	227	
4	2019002	赵 文	89	66	74	229	
5	2019003	王云雨	76	45	62	183	
6	2019004	周 建	57	71	59	187	
7	2019005	孙宝芯	78	83	78	239	
8	2019006	杨 舟	62	95	83	240	
9	2019007	沈琳琳	73	67	73	213	
10	2019008	刘 佳	61	72	89	222	
11	2019009	姜 新	80	79	71	230	
12	2019010	陈 军	88	85	67	240	
13	2019011	张晓飞	91	63	73	227	
14	2019012	金 婷	69	74	78	221	
15	2019013	顾 猛	77	89	85	251	
16	2019014	董 群	64	90	94	248	
17	单科优秀率（90分以上）		1	2	1		
18	单科最高分						

图 4-34　运算结果

（4）再选择单元格 D18，编辑栏的内容是"COUNTIF(D3:D16,">=90")"，在编辑栏内 COUNTIF 函数的后面接着输入除号"/"，然后再选择函数"COUNT"，计算人数。在弹出的"函数参数"对话框的 COUNT 区域的第一个参数中输入"D3:D16"，如图 4-35 所示，单击"确定"按钮返回 Excel。

图 4-35　设置 COUNT 函数参数

（5）使用自动填充公式的方法把 C17 单元格的函数复制到 C18、C19 中。优秀率的计算结果如图 4-36 所示。

	A	B	C	D	E	F	G
1			学员成绩表				
2	学号	姓名	语文	英语	物理	总成绩	名次
3	2019001	李 思	67	78	82	227	
4	2019002	赵 文	89	66	74	229	
5	2019003	王云雨	76	45	62	183	
6	2019004	周 建	57	71	59	187	
7	2019005	孙宝芯	78	83	78	239	
8	2019006	杨 舟	62	95	83	240	
9	2019007	沈琳琳	73	67	73	213	
10	2019008	刘 佳	61	72	89	222	
11	2019009	姜 新	80	79	71	230	
12	2019010	陈 军	88	85	67	240	
13	2019011	张晓飞	91	63	73	227	
14	2019012	金 婷	69	74	78	221	
15	2019013	顾 猛	77	89	85	251	
16	2019014	董 群	64	90	94	248	
17	单科优秀率（90分以上）		0.07	0.14	0.07		
18	单科最高分						

图 4-36　优秀率计算结果

3) 用函数计算出单科最高分

选择单元格 C18，单击"公式"选项卡→"函数库"组→"插入函数 fx"，打开"插入函数"对话框，在对话框中"选择类别"下拉列表中选择全部，在"选择函数"列表框中选择"MAX"函数，单击"确定"按钮，如图 4-37 所示。

图 4-37　设置 MAX 函数参数

4) 用 RANK 函数计算出每个同学的名次（按总分降序排名）

选择单元格 G3，单击"公式"选项卡→"函数库"组→"插入函数 fx"，打开"插入函数"对话框，在对话框中"选择类别"下拉列表中选择全部，在"选择函数"列表框中选择"RANK"函数，单击"确定"按钮，弹出 RANK 的"函数参数"对话框，在对话框中设置参数，如图 4-38 所示，单击"确定"按钮返回 Excel，运算结束。

图 4-38　设置 RANK 函数参数

最后使用自动填充公式的方法把 G3 单元格的函数复制到 G4:G16。计算结果如图 4-39 所示。

图 4-39　最终排名计算结果

4.4.5 公式和函数常见问题

表 4-28 公式和函数常见问题表

序号	常见问题	错误原因	解决方法
1	#####	输入到单元格中的数值太长或公式产生的结果太长,单元格容纳不下	适当增加列宽度
2	#DIV/0	公式被0(零)除	修改单元格引用,或者在用作除数的单元格中输入不为零的值
3	#N/A	当函数或公式中没有可用的数值时,将产生错误值#N/A	如果工作表中某些单元格暂时没有数值,公式在引用这些单元格时,将不进行数值计算,而是返回#N/A
4	#NAME?	在公式中使用了Excel不能识别的文本	确认使用的名称确实存在。如果所需的名称没有被列出,则添加相应的名称,如果名称存在拼写错误,则修改拼写错误
5	#NUM!	公式或函数中某些数字有问题	检查数字是否超出限定区域,确认函数中使用的参数类型是否正确
6	#REF!	单元格引用无效	更改公式。在删除或粘贴单元格之后,立即单击"撤销"按钮以恢复工作表中的单元格
7	#VALUE!	使用错误的参数或运算对象类型,或"自动更改公式"功能不能更正公式	确认公式或函数所需的参数或运算符是否正确,并且确认公式引用的单元格所包含的均为有效的数值

4.5 图表的创建和格式化

图表可以把数据和数据间的关系直观、形象地表示出来。Excel 提供了多种图表类型和格式,系统能根据用户提供的数据,以柱形图、折线图、饼图、面积图等方式显示出来。

4.5.1 创建并编辑迷你图

迷你图是 Excel 中的一个新功能,它是工作表单元格中的一个微型图表,用户可以在单元格中输入文本并使用迷你图作为其背景。迷你图可以通过清晰简明的图形显示相邻数据的趋势,而且只需占用少量空间。

用户可以快速查看迷你图与其基本数据之间的关系,而且当数据发生更改时,可以立即在迷你图中看到相应的变化。除了为一行或一列数据创建一个迷你图外,还可以通过选择与基本数据相对应的多个单元格来同时创建若干个迷你图。与图表不同,迷你图会随工作表一起打印输出。

1) 创建迷你图

下面以中国五大城市的降水量表为例,插入一个或多个迷你图。

(1)打开工作簿文件,单击要插入迷你图的单元格,此处单击 I3 单元格。

(2)在"插入"选项卡的"迷你图"组中单击要创建的迷你图的类型:"折线图""柱形图"或"盈亏图"。此处单击柱形图,打开"创建迷你图"对话框,如图 4-40 所示。

(3)在"数据范围"文本框中输入迷你图所基于的数据单元格区域。

(4)在"位置范围"文本框中输入存放迷你图的单元格。

(5)单击"确定"按钮,迷你图就插入到 I3 单元格。

(6)还可以向迷你图添加文本。可以在含有迷你图的单元格中直接输入文本,并设置文本格式(例如更改其文字颜色、字号或对齐方式),还可以向该单元格应用填充(背景)颜色,效果如图 4-41 所示。

图 4-40 "创建迷你图"对话框　　　　图 4-41 插入迷你图

2)更改迷你图的样式或格式

(1)选择一个迷你图或迷你图组。

(2)若要应用预定义的样式,单击"迷你图工具-设计"选项卡→"样式"组中的某个样式或该框右下角的"其他"按钮以查看其他样式,如图 4-42 所示。

(3)若要更改迷你图或其标记的颜色,单击"迷你图颜色"或"标记颜色",然后单击所需选项。

图 4-42 "迷你图工具-设计"选项卡

3)控制显示的值点

(1)可以通过使用一些或所有标记来突出显示折线迷你图中的各个数据标记(值)。

(2)选择要设置格式的一幅或多幅迷你图;然后单击"迷你图工具-设计"选项卡→"显示"组中的命令按钮。

(3)勾选"标记"复选框显示所有的数据标记。

(4)勾选"负点"复选框显示负值。

(5)勾选"高点"或"低点"复选框显示最高值或最低值。

(6)勾选"首点"或"尾点"复选框显示第一个或最后一个值。

4）处理空单元格或零值

（1）在工作表上，选择一个迷你图。

（2）单击"迷你图工具-设计"选项卡→"迷你图"组"编辑数据"下的三角按钮，从其下拉列表中选择"隐藏和清空单元格"设置，打开"隐藏和空单元格设置"对话框，如图4-43所示，在对话框中进行设置即可。

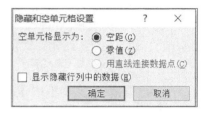

图4-43 "隐藏和空单元格设置"对话框

4.5.2 创建并编辑图表

Excel图表是指将工作表中的数据用图的形式表现出来，它可创建柱形图、折线图、饼图、面积图等各类图表。

1）图表组成

图表一般由以下几部分组成：

（1）图表区：包含图表中所有的元素，如图4-44所示。

（2）绘图区：在二维图表中，绘图区是以坐标轴为界并包含所有数据系列的区域。在三维图表中，绘图区是以坐标轴为界并包含数据系列、分类系列、刻度线标志和坐标轴标题的区域。

（3）数据标志：数据标志是图表中的条形、面积、圆点、扇面或其他符号，代表源于数据表

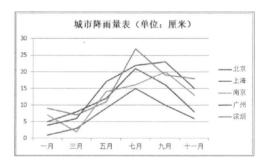

图4-44 图表的一般构成

单元格的单个数据点或值。图表中的相关数据标志构成了数据系列。

（4）数据系列：数据系列是在图表中绘制的相关数据点，这些数据源自数据表的行或列。图表中的每个数据系列具有唯一的颜色和图案，并且在图像中表示。可以在图表中绘制一个或多个数据系列，但饼图中只有一个数据系列。

（5）图表标题：图表标题是用来表示图案内容的说明性文本，它可以自动与坐标轴对齐或在图表顶部居中。

（6）坐标轴：坐标轴是界定图表绘图区的线条，是用作度量的参照框架。一般图表都有X轴和Y轴，X轴通常为水平坐标轴并包含分类，Y轴通常为垂直坐标轴并包含数值。三维图表有第三个轴，即Z轴。饼图和圆环图没有坐标轴。

（7）刻度线：刻度线类似于直尺分隔线的短度量线，与坐标轴相交。刻度线标志用于标识图表上的分类、值或系列。

（8）网格线：图表中的网格线是可添加到图表中以便于查看和计算数据的线条。网格线是坐标轴上刻度线的延伸，穿过绘图区。

（9）背景墙和基底。背景墙和基底只在三维图表中才有，它是包围在许多三维图表周围的区域，用于显示图表的维度和边界。绘图区中有两个背景墙和一个基底。

(10) 图例:图例是一个方框,用来标识图表中的数据系列或分类指定的图案或颜色。

2) 创建图表

在 Excel 的工作表中既可以创建图表也可以将图表作为工作表的对象嵌入使用。创建图表的具体操作步骤如下:

(1) 选择要用于创建图表数据的单元格区域。

(2) 单击"插入"选项卡→"图表"组的对话框启动器,打开"插入图表"对话框,如图 4-45 所示。

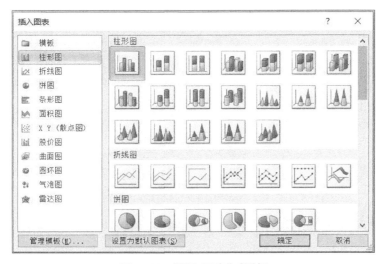

图 4-45 "插入图表"对话框

(3) 从左边的"模板"列表中选择"柱形图",从右边的子图表类型列表中选择默认的第一个,单击"确定"按钮,如图 4-46 所示。

(4) 单击"图表工具-设计"选项卡→"数据"组→"切换行/列"按钮,交换行列数据,如图 4-47 所示。

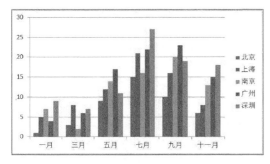 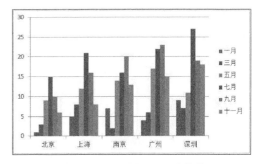

图 4-46 基于模板生成的图表　　　　图 4-47 交换行列后的图表

3) 编辑图表

当建好图表后,用户还可以对其进行修改,比如改变图表的类型、大小等。Excel 提供了一组"图表工具"选项卡,几乎所有图表的编辑操作都可以通过"图表工具"选项卡来实现,如图 4-48 所示的"图表工具-设计"选项卡、图 4-49 所示的"图表工具-布局"选项卡及图 4-50 所示的"图表工具-格式"选项卡。

图 4-48 "图表工具-设计"选项卡

图 4-49 "图表工具-布局"选项卡

图 4-50 "图表工具-格式"选项卡

当用户在插入图表时,"图表工具"选项卡通常会自动弹出,如果这组选项卡没有出现则单击需要编辑的图表,就可以打开"图表工具"选项卡。

(1) 更改图表的布局或样式:在"图表工具-设计"选项卡的"图表布局"组中单击要使用的图表布局。

(2) 更改图表的类型:单击"图表工具-设计"选项卡→"类型"组"更改图表类型"按钮,选择要用的图表类型即可。

(3) 为图表添加标题:单击"图表工具-布局"选项卡→"标签"组→"图表标题"按钮,在其下拉列表中选择"图表上方",在图表标题文本框中输入图表标题。

(4) 为图表添加坐标轴标题:选择"坐标轴标题"→"主要横坐标轴标题"→"坐标轴下方标题",在标题文本框中输入 X 轴标题;选择"坐标轴标题"→"主要纵坐标轴标题"→"竖排标题",在标题文本框中输入 Y 轴标题。

(5) 显示图例及数据表标签:单击"图表工具-布局"选项卡→"标签"组→"图例"按钮,在其下拉列表中可以选中是否显示图例及图例位置;单击"图表工具-布局"选项卡→"标签"组→"数据表"按钮,在其下拉列表中可以选择图表中是否出现用户所引用的数据表。

(6) 显示或隐藏图表坐标轴或网格线:在"图表工具-布局"选项卡的"坐标轴"组中单击"坐标轴"按钮,然后执行下列操作之一即可。

① 若要显示坐标轴,单击"主要横坐标轴""主要纵坐标轴"或"竖坐标轴"(在三维图表中),然后单击所需的坐标轴显示选项。

② 若要隐藏坐标轴,单击"主要横坐标轴""主要纵坐标轴"或"竖坐标轴"(在三维图表中),然后单击"无"。

③ 若要制定详细的坐标轴显示和刻度选项,单击"主要横坐标轴""主要纵坐标轴"或"竖坐标轴"(在三维图表中),然后单击"其他主要横坐标轴选项"、"其他主要纵坐标轴选项"或"其他竖坐标轴"选项。

4.6 数据管理

在工作表中输入基础数据后,需要对这些数据进行组织、整理、排列和分析,从中获取更加丰富的信息。为了实现这一目的,Excel 提供了丰富的数据处理功能,可以对大量的、无序的原始表格数据资料进行深入的处理与分析。

4.6.1 数据排序

在 Excel 中,用户可以对一列或多列中的数据按文本、数字以及日期和时间进行排序;还可以按自定义序列或格式(包括单元格颜色、字体颜色或图标集)进行排序。大多数排序操作都是列排序,也可以按行进行排序。

排序条件随工作簿一起保存,每当打开工作簿时,都会对该表重新应用排序,但不会保存单元格区域的排序条件,也可以保存排序条件,以便在打开工作簿时可以定期重新应用排序。隐藏的列将不参与排序。

1) 一个关键字段的排序

只按一个字段的大小进行排序的具体步骤如下:

(1) 选择单元格区域中的一列数值数据,或者确保活动单元格位于包含数值数据的表列中。

(2) 在"数据"选项卡的"排序和筛选"组中执行下列操作之一。

① 单击"升序"按钮,按从小到大的顺序对数据进行排序;

② 单击"降序"按钮,按从大到小的顺序对数据进行排序;

③ 如果是数据排序,按照数据从大到小为降序,反之为升序;

④ 如果是文本排序,按照字母从 Z 到 A 为降序,反之为升序;

⑤ 如果是日期和时间排序,按照时间从晚到早为降序,反之为升序。

2) 多个关键字的排序

如果在数据区域中首先被选定的关键字段的值有相同的,则需要再按另一个字段的值来排序,依次类推,参照排序的关键字段按照顺序依次被称为主关键字段、第一关键字段、第二关键字段等。多个关键字段的排序操作步骤如下:

(1) 打开工作簿,如成绩表,单击工作表中任意一个单元格。

(2) 单击"数据"选项卡→"排序和筛选"组→"排序"命令,打开"排序"对话框,如图 4-51 所示。

(3) 在"排序"对话框中进行排序参数设置。

如为在"列"选项区选择需要排序的列,操作如下:

① 在"排序依据"选项区选择排序的类型:"数值""单元格颜色""字体颜色"或"单元格图标";

② 在"次序"选项区选择"升序"或"降序"(注意:选定"数据包含标题"复选框,以免标题行被排序)。

(4) 单击"添加条件"按钮,可添加"次要关键字"。如需对其他选项进行设置,可单击"选项"按钮,打开"排序选项"对话框,如图 4-52 所示,可以确定自定义排序次序是否区分大小写、方向、方法等。

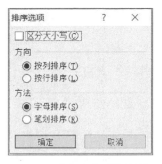

图 4-51　"排序"对话框　　　　　　图 4-52　"排序选项"对话框

3) 使用自定义序列进行排序

用户可以使用自定义序列进行排序。

(1) 创建自定义序列

① 执行"文件"选项卡→"选项"按钮,打开"Excel 选项"对话框→"高级"选项→"常规"组→"编辑自定义列表";

② 在"自定义序列"对话框中的"输入序列"文本框中输入序列。单击"添加"按钮,将输入的序列添加到"自定义序列"中,如图 4-53 所示。

图 4-53　"自定义序列"对话框

(2) 使用自定义序列

① 单击"数据"选项卡→"排序和筛选"组→"排序"按钮,打开"排序"对话框;

② 在"列"选项区选择要按自定义列表排序的列;

③ 在"次序"选项区,选择"自定义序列";

④ 在"自定义序列"对话框中选择所需的列表,使用创建的自定义序列。

4.6.2　数据筛选

筛选就是根据给定的条件从数据清单中找出并显示满足条件的记录,不满足的记录被隐藏。数据的筛选有"自动筛选"和"高级筛选"。

1) 自动筛选

使用自动筛选可以快速、方便地筛选出数据清单中满足条件的记录。

（1）打开工作簿，如降水量表，在工作表中选择要筛选的数据区域；

（2）单击“数据”选项卡→“排序和筛选”组→“筛选”按钮，这时筛选区域中第一行的各列将分别显示出一个下拉按钮，如图 4-54 所示，自动筛选就将通过这些列标题的下拉列表来进行选定和查看数据记录；

（3）此时“筛选”按钮处于亮显状态，单击“筛选”按钮就可以取消自动筛选。

2）高级筛选

高级筛选可以快速对多列进行筛选。对于工作表“城市降雨量表”，筛选出五月和九月降雨量大于 20 厘米的城市，操作步骤如下：

（1）建立条件区域：在使用高级筛选之前，要先建立一个条件区域。条件区域用来指定筛选的数据必须满足的条件。在条件区域的首行输入字段名、第二行输入筛选条件，也就是在单元格 D9 中输入“五月”、在单元格 F9 中输入“九月”、在单元格 D10 中输入“＞20”、在单元格 F11 中输入“＞20”，输入完毕如图 4-55 所示。

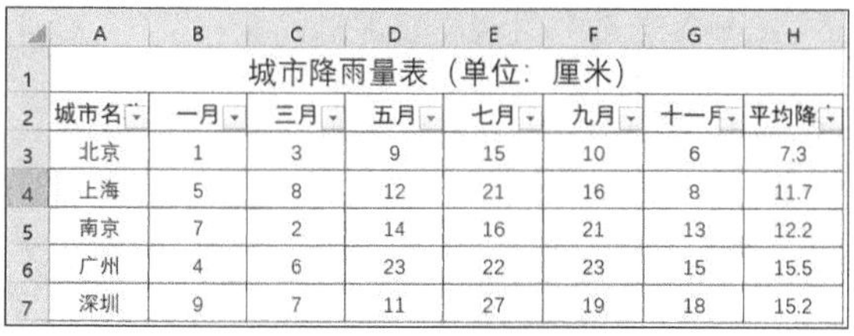

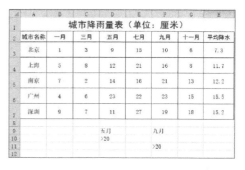

	A	B	C	D	E	F	G	H
1	城市降雨量表（单位：厘米）							
2	城市名	一月	三月	五月	七月	九月	十一月	平均降
3	北京	1	3	9	15	10	6	7.3
4	上海	5	8	12	21	16	8	11.7
5	南京	7	2	14	16	21	13	12.2
6	广州	4	6	23	22	23	15	15.5
7	深圳	9	7	11	27	19	18	15.2

图 4-54 自动筛选

	A	B	C	D	E	F	G	H
1	城市降雨量表（单位：厘米）							
2	城市名称	一月	三月	五月	七月	九月	十一月	平均降水
3	北京	1	3	9	15	10	6	7.3
4	上海	5	8	12	21	16	8	11.7
5	南京	7	2	14	16	21	13	12.2
6	广州	4	6	23	22	23	15	15.5
7	深圳	9	7	11	27	19	18	15.2
8								
9				五月		九月		
10				>20				
11						>20		
12								

图 4-55 输入筛选条件

（2）使用设定好的筛选条件进行高级筛选。

① 单击“数据”选项卡→“排序和筛选”组→“高级”按钮；

② 打开“高级筛选”对话框，在“列表区域”中选择“A2：H7”；“条件区域”中选择“D9：F11”，如图 4-56 所示；

③ 单击“确定”按钮，筛选后结果如图 4-57 所示。

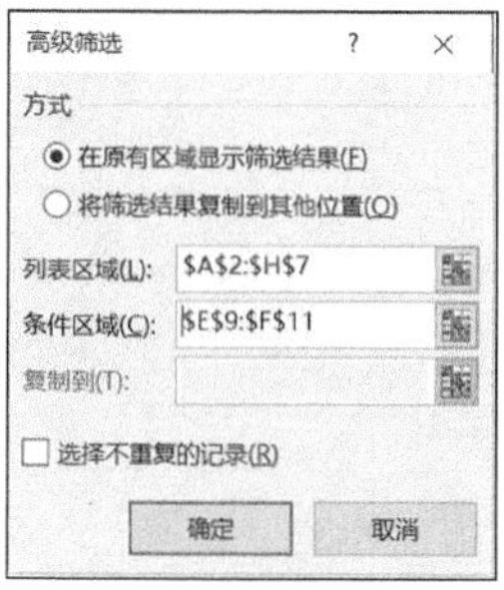

图 4-56 “高级筛选”对话框

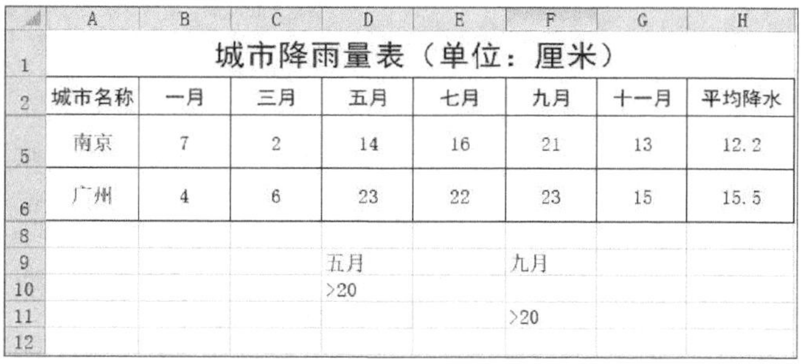

	A	B	C	D	E	F	G	H
1	城市降雨量表（单位：厘米）							
2	城市名称	一月	三月	五月	七月	九月	十一月	平均降水
5	南京	7	2	14	16	21	13	12.2
6	广州	4	6	23	22	23	15	15.5
8								
9				五月		九月		
10				>20				
11						>20		
12								

图 4-57 筛选后结果

4.6.3 分类汇总

分类汇总是把工作表数据区域中的数据分门别类地予以统计处理。

1) 创建分类汇总

在分类汇总前必须对分类汇总的关键字段进行排序,以便把要进行分类汇总的行组合到一起,然后对包含数据的列计算分类汇总。

下面以"城市降雨量表"的"省份"为分类字段,将五月和九月降雨量进行最大值分类汇总。

(1) 选择分类汇总的数据区域(单元格 A2:I12);

(2) 单击"数据"选项卡→"分级显示"组→"分类汇总"按钮;

(3) 打开"分类汇总"对话框,在"分类汇总"对话框中的"分类字段"下拉列表中勾选"省份"、在"汇总方式"下拉列表中选择"最大值"、在"选定汇总项"下勾选"五月"和"九月",如图4-58所示;

(4) 单击"确定"按钮,分类汇总后的结果如图 4-59 所示。

图 4-58 "分类汇总"对话框　　　　图 4-59 分类汇总结果

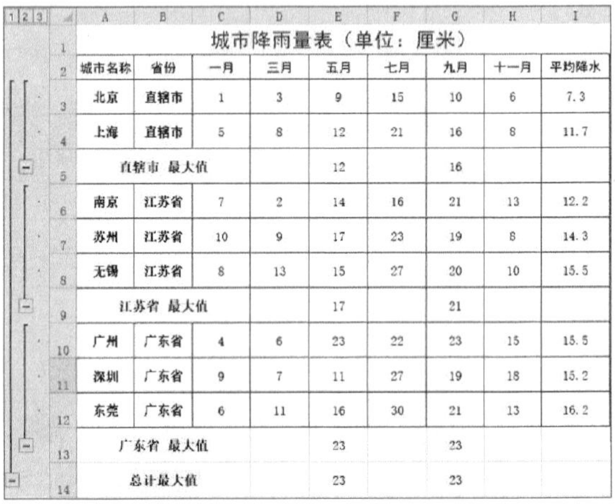

2) 删除分类汇总

选择包含分类汇总区域中的某个单元格,单击"数据"选项卡→"分级显示"组→"分类汇总"按钮,打开"分类汇总"对话框,在对话框中单击"全部删除"按钮。

3) 分级显示

用户可以为分类汇总的数据创建数据分级显示,通过分级显示,可以迅速地只显示那些为工作表中各部分提供汇总或标题的行或列,或者可使用分级显示符号来查看单个汇总和标题下的明细数据,如图4-60所示。

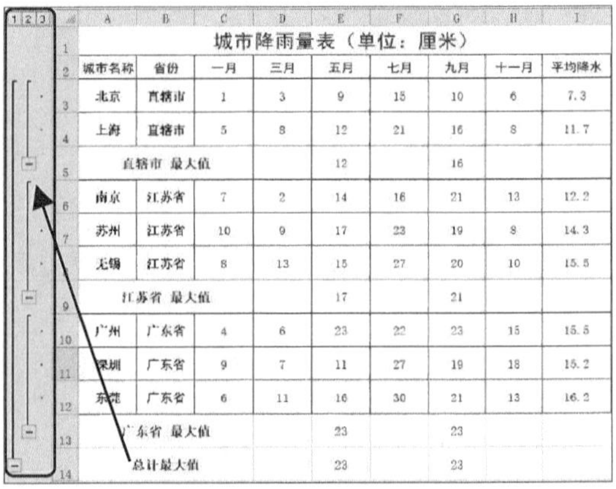

图 4-60 工作表的分级显示符号

单击分级显示符号,即可显示和隐藏明细数据的级别:

(1) 若要显示某一级别的行,单击相应的分层显示符号 1 2 3 ;

(2) 若要展开或折叠分级显示中的数据,单击 + 和 - 分层显示符号;

(3) 如果没有看到分级显示符号 1 2 3 、+ 和 -,单击"文件"选项卡→"选项"→"高级"类别,在"此工作簿的显示选项"选项区选择工作表,再勾选"如果应用了分级显示,则显示分级显示符号"复选框。

4) 隐藏或删除分级显示

隐藏或删除分级显示时,不会删除任何数据。

(1) 隐藏分级显示:单击"Excel 选项"对话框的"高级"类别,然后在"此工作簿的显示选项"选项区选择工作表,再取消勾选"如果应用了分级显示,则显示分级显示符号"复选框,这样就隐藏了分级显示。

(2) 删除分级显示:在"数据"选项卡→"分级显示"组→"取消组合"下拉列表中选择"清除分级显示"选项。

4.6.4 数据透视表

数据透视表是一种可以快速汇总大量数据的交互式方法。使用数据透视表可以深入分析数值数据,它能够将筛选、排序和分类汇总等依次完成,并生成汇总表格,是 Excel 强大数据处理能力的具体体现。

下面以如图 4-61 所示的工作表的数据为例,新建一个数据表 Sheet4,并以城市为分页,以年度为行,以"支援农业""经济建设""卫生科学""行政管理"和"其他"为求和项,在 Sheet4 表的 A1 单元格处建立数据透视表。

	A	B	C	D	E	F	G	H
1	江苏省两市2017-2019年财政支出表(万元)							
2	城市名称	年度	支援农业	经济建设	卫生科学	行政管理	其他	总支出
3	南京	2017	103.5	207.5	451.8	203.9	45	1011.7
4	苏州	2017	93.6	258.7	478.7	198.1	36	1065.1
5	南京	2018	134.5	285.1	501.3	178.4	46	1145.3
6	苏州	2018	129.7	259.3	497.5	207.2	51	1144.7
7	南京	2019	156.3	273.2	510.4	213.8	39	1192.7
8	苏州	2019	147.1	264.9	511.7	189.4	47	1160.1

图 4-61 数据透视表源数据

操作步骤如下:

(1) 打开工作表,选择数据源的数据区域,本例选择 A2:H8。

(2) 单击"插入"选项卡→"表格"组→"数据透视表"按钮,弹出"创建数据透视表"对话框,如图 4-62 所示。

图 4-62 "创建数据透视表"对话框

（3）单击"确定"按钮后就进入数据透视表设计窗口，如图 4-63 所示。

图 4-63 创建数据透视表

（4）在"数据透视表字段列表"中拖动"城市名称"到报表筛选处，拖动"年度"到行标签处，拖动"支援农业""经济建设""卫生科学""行政管理"和"其他"到数值区，如图 4-64 所示。

（5）在"城市"列表框中选择"南京"，单击"确定"按钮，就可以筛选出南京的数据，如图 4-65 所示。

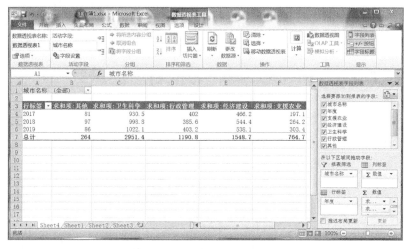

图 4-64　使用数据透视表筛选数据(一)

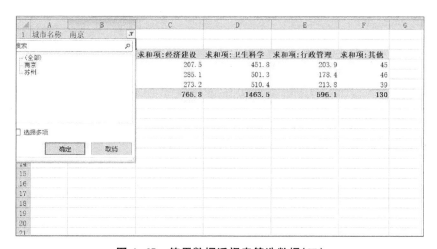

图 4-65　使用数据透视表筛选数据(二)

4.6.5　合并计算

若要汇总和报告多个单独工作表中数据的结果,可以将每个单独工作表中的数据合并到一个工作表中,所合并的工作表可以与主工作表位于同一工作簿中,也可以位于其他工作簿中。如果在一个工作表中对数据进行合并计算,则可以更加轻松的对数据进行定期或不定期的更新和汇总。

合并计算的操作步骤如下:

步骤1:在主工作表中要显示合并数据的单元格区域的左上方单击;

步骤2:单击"数据"选项卡→"数据工具"组→"合并计算"按钮,打开"合并计算"对话框;

步骤3:在"函数"文本框中,选择希望用来对数据进行合并计算的汇总函数;

步骤4:在"引用位置"文本框中输入需要合并工作表的文件路径;

步骤 5：单击"添加"按钮，然后重复步骤 4 和步骤 5 以添加所需的所有区域；
步骤 6：单击"确定"按钮。

4.7 打印工作表

1) 页面设置

页面设置包括页边距、页眉/页脚、纸张大小及方向等的设置，操作步骤如下：

步骤 1：单击"页面布局"选项卡，找到"页面设置"组。

步骤 2：单击"页面设置"组右侧的对话框启动器，弹出"页面设置"对话框。在"页面"选项卡中设置纸张大小和方向，如图 4-66 所示，在"页边距"选项卡中设置纸张的页边距，如图 4-67 所示。

步骤 3：在"页面设置"对话框的"页眉/页脚"选项卡中设置页眉/页脚，单击"自定义页眉"按钮，打开"页眉"对话框，输入需要的页眉，如图 4-68、图 4-69 所示。页脚的插入、编辑与页眉相同。

图 4-66　设置纸张大小和方向

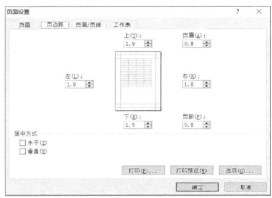

图 4-67　设置纸张页边距

图 4-68　设置页眉

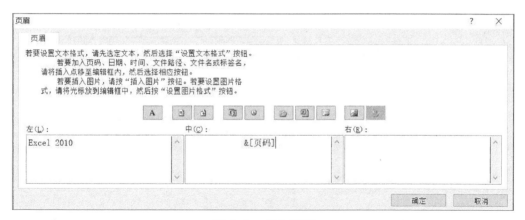

图 4-69　输入页眉

2) 设置打印标题

当工作表纵向超过一页长,或者横向超过一页宽的时候,需要指定在每页上都重复打印标题行或列。设置打印标题的操作步骤如下:

步骤 1:打开应用主题的 Excel 工作簿文件;

步骤 2:单击"页面布局"选项卡→"页面设置"组右侧的对话框启动器,弹出"页面设置"对话框,在"工作表"选项卡中设置打印标题,如图 4-70 所示。

图 4-70　设置打印标题和打印区域

3) 设置打印区域

设置打印区域的步骤如下:

步骤 1:打开工作表,用鼠标拖动选择需打印的数据区域;

步骤 2:单击"页面布局"选项卡→"页面设置"→"打印区域"按钮,在其下拉列表中选择"设置打印区域"即可,也可以在"页面设置"对话框中设置。

第 5 章

PowerPoint 2010

5.1 PowerPoint 2010 概述

PowerPoint(PPT)是微软公司办公集成软件 Office 的重要组件之一,是集文字、图形、声音、视频等对象于一身的专门应用软件。它由一张张幻灯片组成,主要功能就是用来制作演示文稿,给观众进行演示。

5.1.1 PPT 2010 的新功能

PPT 2010 与早期版本相比,新增了一些更实用的功能,使用起来更加方便。新增的功能如下:

(1) 使用节管理幻灯片

用户可以使用节来组织大型幻灯片版面,以简化其管理和导航。

(2) 合并和比较演示文稿

用户可以比较当前演示文稿和其他演示文稿,并可以将其合并。该功能可以帮助用户快速完成对同一个演示文稿的多个版本的编辑操作。

(3) 在不同窗口中使用单独的 PPT

用户可以在一台机器上并排运行多个演示文稿。

(4) 引入视频和照片编辑功能和增强功能

① PPT 2010 中允许用户嵌入、编辑和播放视频,并且可以移动 PPT 到不同机器上。

② 引入时不会出现视频文件丢失的情况。

③ 用户可以在音频和视频剪辑中使用书签,来指示关注的时间点,使用书签可触发动画或跳转至视频中的特定位置。

④ 删除图片的背景及其他不需要的部分。

⑤ 增强的艺术效果和精确的裁剪图片。

(5) 将演示文稿转换为视频

分发和传递演示文稿的另一种方式就是将其转换为视频,这种方式可以更好地提供和共享演示文稿。

5.1.2 PPT 2010 的启动与退出

1) PPT 2010 的启动

PPT 2010 的启动常用方法有以下三种:

方法一:单击"开始"→"所有程序"→Microsoft Office→Microsoft Office PowerPoint

2010 命令。

方法二:单击 Microsoft Office PowerPoint 2010 的快捷方式图标。

方法三:双击一个已创建好的 Microsoft Office PowerPoint 2010 文档的图标。

2) PPT 2010 的退出

PPT 2010 的退出常用方法有以下三种:

方法一:单击"文件"→"退出"命令。

方法二:按"Alt+F4"组合键。

方法三:单击 PPT 2010 编辑窗口中标题栏的"关闭"按钮。

5.2 PPT 2010 的基础知识

5.2.1 PPT 2010 的工作界面

启动 PPT 2010 后,可以看到 PPT 2010 的工作界面主要包括标题栏、功能区、编辑区、幻灯片/大纲浏览窗格、状态栏等,如图 5-1 所示。

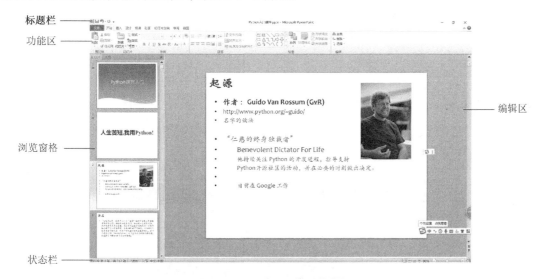

图 5-1 PPT 2010 的工作界面

1) 标题栏

标题栏位于工作界面的第一行,最左侧是应用程序按钮,接着是快速访问按钮,中间是当前演示文稿的名字和应用程序名 Microsoft PowerPoint,最右侧是窗口控制按钮。

2) "文件"菜单

"文件"菜单位于工作界面第二行的最左侧,单击"文件"按钮后可看到,从上至下依次为"保存""另存为""打开""关闭""信息""最近所用文件""新建""打印""保存并发送""帮助""选项"以及"退出"12 个命令。

3) 功能区

功能区位于标题栏的下方,包含了若干个选项卡,如"开始""插入""设计""切换""动画""幻灯片放映""审阅""视图"以及"格式"等。每个选项卡又包含有若干个组,每个组又包含若干个命令按钮。某些组的右下角有一个小箭头称为对话框启动器,单击它可打开一个带有更多命令的对话框。

4) 幻灯片/大纲浏览窗格

幻灯片/大纲浏览窗格位于功能区下方的左侧区域,用来显示 PPT 的幻灯片数量及位置,它包括"幻灯片"和"大纲"选项卡,"幻灯片"窗格顺序显示 PPT 中幻灯片的编号及缩略图,"大纲"窗格则列出 PPT 中各张幻灯片中的文本内容。

5) 编辑区

编辑区位于幻灯片/大纲浏览窗格的右侧,是显示和编辑幻灯片内容的窗口。单击"幻灯片"窗格中的某张幻灯片图标,该幻灯片内容就会显示在编辑区中,可以在此区域完成幻灯片的制作。底部是备注窗格,添加用户与观众共享的备注或信息。

6) 状态栏

状态栏位于工作界面的最下方,依次显示当前幻灯片的编号、幻灯片的数目、当前主题名、语言、视图按钮、显示比例、缩放滑块和缩放至合适尺寸按钮。

5.2.2 PPT 2010 的视图

PPT 2010 的视图方式有 4 种,分别为普通视图、幻灯片浏览视图、备注页视图和阅读视图。单击"视图"选项卡→"演示文稿视图"组命令按钮,可以在 4 种视图间进行切换,或者使用状态栏上的视图按钮。

1) 普通视图

普通视图是默认的方式,是主要的编辑视图,可用于撰写和设计演示文稿。主要包括幻灯片/大纲浏览窗格、幻灯片窗格、备注窗格,如图 5-2 所示。

图 5-2 普通视图

2) 幻灯片浏览视图

幻灯片浏览视图可以同时看到演示文稿中的所有幻灯片,这些幻灯片以缩略图按序显示,此视图下方便添加、删除和移动幻灯片,以及设置幻灯片的动画切换效果,如图 5-3 所示。

图 5-3　幻灯片浏览视图

3) 备注页视图

备注页视图主要在显示幻灯片的同时，在其下方显示备注页。用户可以输入或编辑备注页中的内容，该视图下用户无法编辑幻灯片，只能为备注页添加信息，如图 5-4 所示。

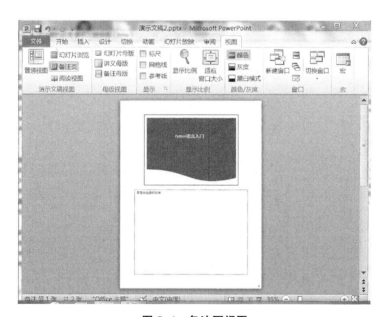

图 5-4　备注页视图

4) 幻灯片阅读视图

幻灯片阅读视图是将 PPT 设置成与窗口大小相适应的幻灯片放映查看。此视图下用户可以使用简单控件方便地查看 PPT，如果要更改文稿，可随时从阅读视图切换至其他视图，也可以按 Esc 键随时退出该视图，如图 5-5 所示。

图 5-5　幻灯片阅读视图

5.3　演示文稿的基本操作

了解演示文稿的工作界面和视图后，要制作新的演示文稿，还需要进行创建、编辑、保存、关闭等基本操作。

5.3.1　创建演示文稿

要制作一个完美的演示文稿，首先需要创建演示文稿，方法如下：

1) 创建空白演示文稿

步骤 1：启动 PPT 2010 后，系统会自动创建新的演示文稿，默认命名为"演示文稿 1"。

步骤 2：打开"文件"选项卡→"新建"命令，在"可用的模板和主题"选项区双击"空白演示文稿"，如图 5-6 所示。

图 5-6　选择"空白演示文稿"选项

2）利用模板创建演示文稿

步骤1：打开演示文稿后，选择"文件"选项卡→"新建"命令，在右侧"可用的模板和主题"列表中选择"样本模板"选项。

步骤2：在打开的样本模板列表中，选择模板，然后单击右侧的"创建"按钮，如图5-7所示，即可完成演示文稿的创建。

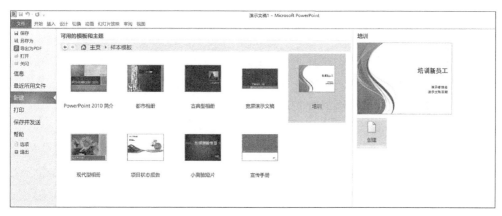

图 5-7　选择"样本模板"创建演示文稿

3）利用主题创建演示文稿

步骤1：打开演示文稿后，选择"文件"选项卡→"新建"命令，在右侧"可用的模板和主题"列表中选择"主题"选项。

步骤2：在打开的"主题"列表中选择主题，然后单击"创建"按钮，即可完成演示文稿的创建，如图5-8所示。

图 5-8　应用了主题的演示文稿

步骤3：创建演示文稿后，用户还可更改主题的样式，选择"设计"选项卡→"主题"组中的"其他"按钮，在弹出的下拉列表中选择一个合适的主题样式，如图5-9所示。

图 5-9　主题下拉列表

4) 根据已保存的 PPT 文稿创建新演示文稿

若需要根据已有的演示文稿创建类似的演示文稿,具体操作步骤如下:

步骤 1:打开演示文稿后,选择"文件"选项卡→"新建"命令,在右侧"可用的模板和主题"列表中选择"根据现有内容新建"选项。

步骤 2:打开"根据现有演示文稿新建"对话框,选择合适的演示文稿,单击"新建"按钮,如图 5-10 所示,即可创建一个根据该演示文稿创建的"演示文稿 1"演示文稿。

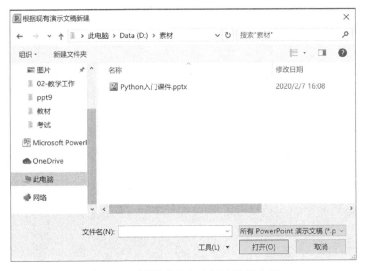

图 5-10　根据现有内容创建演示文稿

5.3.2　打开和关闭演示文稿

1) 打开演示文稿

(1) 双击打开演示文稿

步骤:找到需要的演示文稿,在其图标上双击即可打开演示文稿。

(2) 打开最近使用的演示文稿

步骤:打开演示文稿后,选择"文件"选项卡→"最近所用的文件"命令,在右侧"最近使用的演示文稿"列表中,选择需要打开的演示文稿单击即可,如图 5-11 所示。

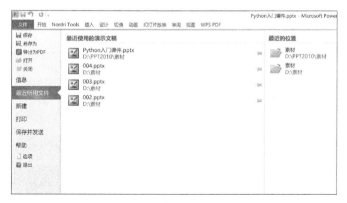

图 5-11　打开最近使用的演示文稿

（3）通过对话框打开演示文稿

步骤：选择"文件"选项卡→"打开"命令，在"打开"对话框中选择需要打开的演示文稿，然后单击"打开"按钮即可打开演示文稿，如图 5-12 所示。

（4）以只读方式打开演示文稿

步骤：选择"文件"选项卡→"打开"命令，在弹出的对话框中选择需要打开的演示文稿，在"打开"下拉列表中选择"以只读方式打开"选项。

2）关闭演示文稿

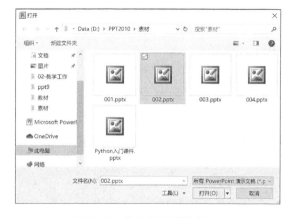

图 5-12　单击"打开"按钮

在完成演示文稿的制作并保存后，需要关闭演示文稿。

步骤：执行"文件"选项卡→"关闭"命令，或者直接点击标题栏最右侧的"关闭"按钮。

5.3.3　编辑演示文稿

创建好演示文稿之后，需要对演示文稿进行编辑。在 PPT 2010 中，演示文稿是一个以.pptx 为扩展名的文件，它由一张张幻灯片组成，用户需要对这些幻灯片进行编辑，从而完成演示文稿的制作。幻灯片的编辑操作主要包括选择幻灯片、添加新幻灯片、复制幻灯片、移动幻灯片、删除幻灯片、隐藏幻灯片。

1）选择幻灯片

在开始编辑幻灯片之前，需要先在普通视图的"幻灯片/大纲"窗格里选中要进行操作的幻灯片，方法如下：

（1）选择单个幻灯片

在"幻灯片/大纲"窗格中，单击某张幻灯片即可将其选中。

（2）选择连续多个幻灯片

按住 Shift 键的同时，分别单击需要选择区域的第一张幻灯片和最后一张幻灯片，即可

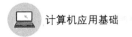

选择连续多张幻灯片。

(3) 选择不连续的多张幻灯片

按住 Ctrl 键的同时，依次选择所需要的幻灯片即可。

(4) 选择所有幻灯片

选中任一幻灯片，然后按"Ctrl+A"组合键即可选中全部幻灯片。

2) 添加幻灯片

为了制作演示文稿，需要在演示文稿中插入新的幻灯片，方法如下：

(1) 功能区按钮法

若想在某页幻灯片后新增一页幻灯片，选中这页幻灯片，然后单击"开始"选项卡→"幻灯片"组→"新建幻灯片"按钮，即可在所选幻灯片下方创建一张新的幻灯片。

(2) 组合键法

选择幻灯片后，按"Ctrl+M"组合键或按 Enter 键即可在所选幻灯片下方创建一个新幻灯片。

3) 复制幻灯片

若需要使用多张类似的幻灯片，可以先制作一张，然后利用复制操作再进行修改，方法如下：

(1) 常规方法

在"幻灯片/大纲"窗格中，选中需要复制的幻灯片，单击"开始"选项卡上的"复制"按钮或按"Ctrl+C"组合键，然后将光标定位在需要增加复制页的位置，单击"开始"选项卡上的"粘贴"按钮或按"Ctrl+V"组合键，即可在目标位置复制出一张新的幻灯片。

(2) 功能区按钮法

选中需要复制的幻灯片，单击"开始"选项卡上的"新建幻灯片"按钮，从下拉列表中选择"复制所选幻灯片"选项，即可在所选幻灯片下方插入所复制的幻灯片。若想移动该幻灯片至目标位置，只需鼠标拖动即可。

(3) 右键快捷菜单法

选中需要复制的幻灯片后右击，从弹出的快捷菜单中选择"复制幻灯片"命令，可实现在所选幻灯片下方插入复制的幻灯片的目的。

(4) 鼠标拖动法

选中需要复制的幻灯片，按住鼠标左键，同时按住 Ctrl 键不放，当拖动到目标位置时释放鼠标左键和 Ctrl 键，即可复制幻灯片至合适位置。

4) 移动幻灯片

若制作演示文稿过程中，需要对幻灯片顺序重新排序，方法如下：

(1) 常规方法

选中需要调整位置的幻灯片，单击"开始"选项卡上的"剪切"按钮或按"Ctrl+X"组合键，然后将光标定位到目标位置，单击"粘贴"按钮或按"Ctrl+V"组合键，即可完成幻灯片移动。

(2) 鼠标拖动法

选中需要调整位置的幻灯片，按住鼠标左键不放拖动至目标位置后释放，即可完成幻灯片的移动。

5）删除幻灯片

选中需要删除的幻灯片，按 Delete 键直接删除或者右键单击该幻灯片，从弹出的快捷菜单中选择"删除幻灯片"命令，即可完成删除操作。

6）隐藏幻灯片

若制作完成的幻灯片不需要播放，而又不想删除以备不时之需，用户可以将这样的幻灯片进行隐藏，被隐藏的幻灯片编号上会标记"\"。

（1）右键快捷菜单法

选中需要隐藏的幻灯片后右击，从弹出的快捷菜单中选择"隐藏幻灯片"命令，如图5-13所示。可看到隐藏的幻灯片编号上标记了"\"，如图 5-14 所示。若需要取消隐藏，只需选中相应的幻灯片，再进行一次上述操作即可。

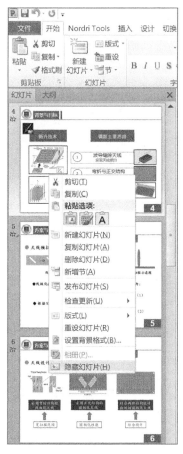

图 5-13　选择"隐藏幻灯片"命令

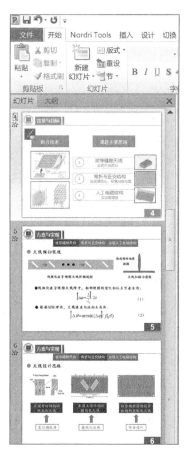

图 5-14　所选幻灯片被隐藏

（2）功能区按钮法

选中需要隐藏的幻灯片，切换到"幻灯片放映"选项卡，单击"隐藏幻灯片"按钮即可隐藏所选幻灯片。

5.3.4 保存演示文稿

在制作演示文稿时,要养成及时保存演示文稿的好习惯,以防止因断电、死机或者操作不当导致文件丢失的情况发生。

1) 保存未命名的演示文稿

步骤:执行"文件"选项卡→"保存"命令;或者单击快速访问工具栏中的"保存"按钮;或者直接按"Ctrl+S"组合键,在弹出的"另存为"对话框中设置演示文稿的保存路径、文件名和保存类型,最后单击"保存"按钮。

2) 保存已命名的演示文稿

步骤:执行"文件"选项卡→"保存"命令;或者单击快速访问工具栏中的"保存"按钮即可,此时不会打开"另存为"对话框。

若用户想以其他名称保存已经保存过的演示文稿,可以执行"文件"选项卡→"另存为"命令,在弹出的"另存为"对话框中进行设置和保存。

5.3.5 幻灯片的版式

幻灯片版式是PPT中的一种常规排版格式,包含要在幻灯片上显示内容的格式设置、位置和占位符。占位符中可放置文本、表格、形状、图像、SmartArt图形、声音、影片和动画等内容。通过幻灯片版式的应用可以对文字、图片等更加协调合理地布局。PPT中内置的版式有标题幻灯片、标题和内容、节标题、两栏内容等几种,如图5-15所示。利用这些内置版式可以轻松完成幻灯片的制作和运用,默认版式是"标题幻灯片"。

步骤:单击"开始"选项卡→"幻灯片"组→"版式"命令,选择当前幻灯片需要的版式,工作界面便出现定制的演示文稿,用户在上面输入相应的文字、图片及其他对象即可完成演示文稿的制作。

图 5-15 幻灯片"版式"命令

5.4 美化演示文稿

在PPT 2010中,若合理使用主题会让用户快速制作出效果绚丽的演示文稿,而母版的使用可以方便地统一幻灯片风格,对批量处理文稿有非常重要的作用。

5.4.1 应用主题

PPT 2010提供了大量的主题设计,包括协调配色方案、字体样式和占位符位置。使用主题可以使幻灯片有较好的配色和结构设计，用户可根据需要选择内置的主题样式，或者自定义主题样式。

1) 使用内置主题

步骤1：打开演示文稿，单击"设计"选项卡→"主题"组→"其他"按钮。

步骤2：在主题下拉列表中选择某一主题，即可应用该主题，如图5-16所示。

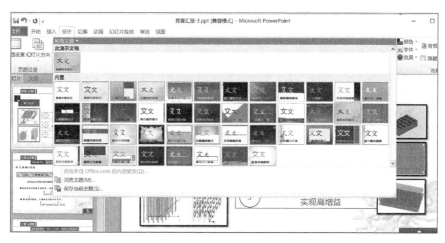

图 5-16　选择内置主题

2) 使用自定义主题

自定义主题样式包括主题颜色以及主题字体的定义，主题定义完成后，可将自定义的主题保存。

步骤1：单击"设计"选项卡→"主题"组→"颜色"按钮，在展开的颜色列表中选择一种主题颜色，也可以选择"新建主题颜色"命令，自定义主题颜色，如图5-17所示。

步骤2：打开"新建主题颜色"对话框，在"主题颜色"选项组的各选项中，分别设置文字、背景色以及强调文字颜色，如图5-18所示。

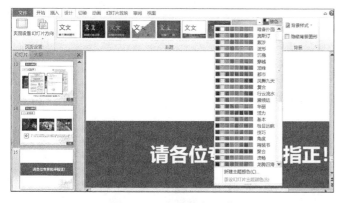 

图 5-17　主题颜色列表　　　　　　图 5-18　设置主题颜色

步骤3：若对设置的颜色不满意，可单击左下方的"重置"按钮，将所有的主题颜色还原为原来的效果。

步骤 4：设置完成后，单击"保存"按钮，返回到幻灯片页面，单击"颜色"按钮，在列表中的"自定义"选项下，将出现刚定义的颜色。

步骤 5：若不再需要自定义的主题，展开主题列表，右键单击需要删除的主题，从弹出的快捷菜单中选择"删除"命令即可。

除此之外，还可以设置主题的字体、效果以及背景样式，设置方法与颜色的设置基本相同，不再赘述。

5.4.2 应用母版

母版包括字形、占位符大小和位置、背景样式以及配色方案等，用户使用设置好的母版，只需在相应位置输入需要的内容即可，从而大大节约制作时间。

1）插入幻灯片母版

步骤 1：打开演示文稿，单击"视图"选项卡→"幻灯片母版"按钮，如图 5-19 所示。

图 5-19　单击"幻灯片母版"按钮

步骤 2：系统自动切换至"幻灯片母版视图"，单击"插入幻灯片母版"按钮，如图 5-20 所示。

图 5-20　单击"插入幻灯片母版"按钮

步骤 3：插入一个空白主题的幻灯片母版，如图 5-21 所示。可以看到一个母版包括多个版式，用户可根据需要对版式进行编辑，如设置背景、插入文本框、设置字体等。

2）添加幻灯片版式

步骤 1：执行"视图"选项卡→"母版视图"命令→"插入版式"按钮，即插入一个新的版式，用户可根据需要在新的版式上重新设计。

步骤 2：单击"关闭母版视图"按钮后返回普通视图。单击"开始"选项卡→"新建幻灯片"按钮，在展开的列表中可看到自定义的版式。

3）保存幻灯片母版

幻灯片母版创建完成后，若想以后再使用，就需要将其保存。

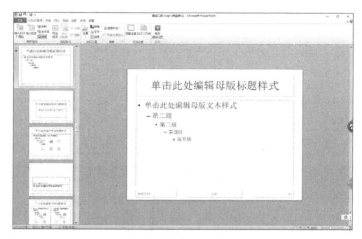

图 5-21 插入母版效果

步骤：执行"文件"→"另存为"命令，打开"另存为"对话框，输入文件名，设置"保存类型"为"PowerPoint 模板"，单击"保存"按钮即可。

5.5 幻灯片中的应用对象

要完成演示文稿的制作，需要编辑组成演示文稿的一张张幻灯片。而幻灯片内容包括文本、表格、形状、图像、SmartArt 图形、声音、影片和动画等应用对象，本节将对应用对象的插入和设置进行全方位的学习。

5.5.1 插入和编辑文本

文本是幻灯片中最基本的组成元素之一，它是传播信息的主要载体，也是决定幻灯片好坏的重要环节，有效地利用文本的字体、色彩等格式，对文本进行合理的设置和编辑，会使幻灯片更具观赏性。而滥用文本，则会使整个 PPT 失去色彩，因此本小节对文本的使用进行介绍。

1) 文本的插入

插入文本的方式主要有以下两种：

（1）使用占位符插入

在普通视图模式下，占位符是指幻灯片中被虚线框起来的部分。当使用幻灯片版式时，每张幻灯片均提供占位符，用户可以在占位符内输入文本，如图 5-22 所示。

（2）使用文本框插入

除了在占位符中插入文字，最常用的就是利用文本框输入文字了。要输入文字，首先要插入一个文本框，文本框按文字的显示方向分为横排文本框和竖排文本框，用户可以根据不同的需求选择不同的文本框。

步骤：选择"插入"选项卡→"文本"组，单击"文本框"下拉按钮，从展开的列表中根据需要选择对应的文本框，然后在幻灯片上需要添加文本的位置上拖动即可，并可在文本框中

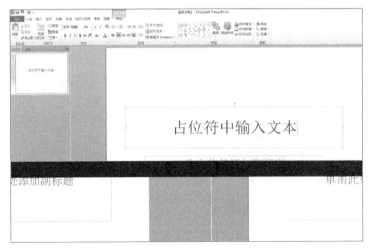

图 5-22 在幻灯片占位符中输入文本

输入文字,如图 5-23 所示。

图 5-23 插入文本框

文本框插入完成后,可以对文本框进行进一步的美化。当用户选中需美化的文本框时,功能区就会出现"绘图工具-格式"选项卡,使用该选项卡可以对文本框应用快速样式、设置文本框属性。

步骤1:选中文本框,展开"快速样式"组,可从列表中选择合适的样式,如图 5-24 所示。

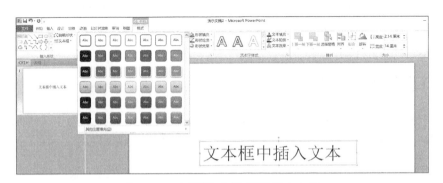

图 5-24 应用"快速样式"设置文本框

步骤2:单击"绘图工具-格式"选项卡上的"形状填充""形状轮廓"或者"形状效果"按钮,在展开的列表中选择相应的选项,从弹出的关联菜单中进行适当的选择即可。也可打开"设置形状格式"对话框对文本框进行设置,如图 5-25 所示。

图 5-25　利用"设置形状格式"设置文本框

2）字体格式的设置

文本格式设置包括文本的字体、字号、颜色以及特殊的文本效果，在默认情况或者应用主题后，PPT 都会提供默认的字体格式。但是这些默认的字体格式往往不能满足用户的需求，而需要利用自定义的方法进行个性化设置。

（1）字体的设置

字体包括文字、字母、数字，字体的选择在演示文稿中扮演着至关重要的作用，选择大方、美观、合适的字体对 PPT 的效果尤为关键。

步骤：单击"开始"选项卡→"字体"组→"字体"右侧的下拉按钮，从列表中选择合适的字体。

（2）字号的设置

字号是指文字的大小，其设置需根据 PPT 放映时的场景、灯光、距离等进行相应的调整。

步骤：单击"开始"选项卡→"字号"右侧的下拉按钮，从中选择合适的字号即可。若需对文本字号进行微调，只要直接单击"增大字号"按钮和"减小字号"按钮即可。

（3）文字颜色的设置

在制作演示文稿时，文字的颜色需与当前主题色相匹配，不能与当前页面中的图片和图形等相互冲突，色彩混乱复杂的演示文稿会让人眼花缭乱，抓不住重点，而色彩统一协调则会给演示文稿大大加分。

步骤：选中需要更改颜色的文本，单击"开始"选项卡→"字体"组→"字体颜色"按钮右侧的下拉按钮，从展开的列表中进行选择。

（4）文本特殊效果的设置

文本的特殊效果包括加粗、阴影、下划线等，通过设置文本的特殊效果可以强调文本的重点内容,抓住观众眼球。

步骤1:单击"开始"选项卡→"字体"组→"加粗""倾斜""下划线""阴影"和"删除线"按钮,可为文本设置合适的特殊效果。若文本有英文字符,则可以单击"更改大小写"按钮 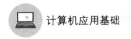,从列表中选择合适的选项。

步骤2:如果需要一次设置多种文本格式,单击"开始"选项卡→"字体"组的对话框启动器按钮,在打开的"字体"对话框中进行相应的设置,如图5-26所示。

图5-26 "字体"对话框

(5) 文字段落的设置

文字段落的设置对幻灯片版面的排版至关重要,统一整齐的段落格式会使页面看起来一目了然。段落格式设置主要包括段落的对齐、行间距、项目符号和编号的添加等。

(6) 设置段落对齐方式

① 水平对齐方式的设置

步骤:单击"开始"选项卡→"段落"组→"居中""文本左对齐""文本右对齐""两端对齐"以及"分散对齐",即可实现快速设置段落的对齐方式。

② 垂直对齐方式的设置

步骤:单击"开始"选项卡→"段落"组→"对齐文本"按钮,从列表中选择合适的垂直对齐方式,如图5-27所示。

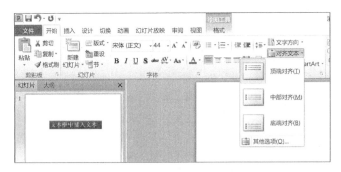

图5-27 选择"对齐文本"选项

(7) 设置段落间的行间距

步骤:单击"开始"选项卡→"段落"组→"行距"按钮,可从中选择合适的行距,如图5-28所示。若需要设置其他行距,选择"行距选项"选项→打开"段落"对话框,在"间距"选项下精确设置段落的段前、段后值以及行距,如图5-29所示。

图 5-28 选择"行距"选项

图 5-29 设置行距

(8) 项目符号和编号

项目符号和编号就是放在文本前添加强调效果的各种符号和编号,以使幻灯片页面逻辑性更强。

步骤1:单击"开始"选项卡→"段落"组→"项目符号"或"编号",将会自动填充项目符号。若不满意,也可从列表中选择合适的项目符号,如图 5-30 所示。默认的项目符号一般是黑色,不管颜色还是大小都很难与符号后面的文本完美搭配。因此,需要对项目符号和编号进行修改设置。

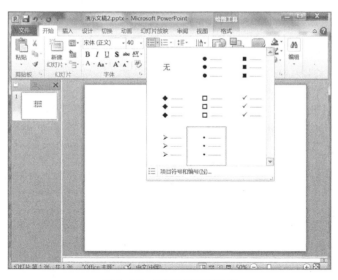
图 5-30 "项目符号"效果

步骤2:选择需要修改的文本,选择"项目符号和编号"下拉列表按钮,打开"项目符号和编号"对话框,如图 5-31 所示。选中想要的符号,通过修改大小和颜色可以实现项目符号的简单修改,让符号和后面的文字更加匹配。

步骤3:如果固化的几个符号仍然不能满足需求,可以点击右下角的"图片"或"自定义"按钮选中自己想要的符号。

3) 艺术字的应用

艺术字是字体经过变体后的一种艺术的创新。艺术字更多地应用于宣传、广告、标语等方面。PPT 2010 提供的艺术字功能，可以方便用户快速创建千姿百态的文字。

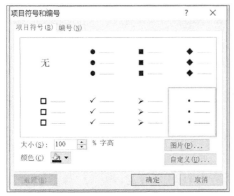

图 5-31 "项目符号和编号"对话框

图 5-32 插入艺术字效果

（1）插入艺术字

用户可以为已有文本设置艺术字样式，也可以通过艺术字样式直接插入艺术字文本。

步骤：选择带插入艺术字的幻灯片，单击"插入"选项卡→"文本"组→"艺术字"按钮，并从打开的艺术字库中选择所需的艺术字样式，在出现的文本框中输入艺术字文本内容，如图 5-32 所示。

（2）编辑艺术字

插入艺术字后，如果对样式效果不满意，可以对艺术字进行进一步编辑，如设置形状填充、形状轮廓、形状效果、文本填充、文本效果等。

步骤：选择要编辑的艺术字，单击"绘图工具-格式"选项卡，在"艺术字样式"组中为艺术字选择合适的字体、字号和文本效果，并可在"文本填充""文本轮廓""文字效果"选项中进行效果修改，也可在"设置文本效果格式"对话框中对艺术字进行详细设置，如图5-33所示。打开"设置形状格式"对话框对艺术字的形状、样式进行详细设置，如图 5-34 所示。

图 5-33 "设置文本效果格式"对话框

图 5-34 "设置形状格式"对话框

5.5.2 插入和编辑图像

幻灯片中图像的合理使用可使演示文稿更便于理解,更具观赏性。PPT 2010 提供了功能强大的图形图像处理功能,可方便地将图形图像处理成目标效果。下面将具体进行介绍。

1) 图像的插入

步骤:单击"插入"选项卡→"图像"组→"图片"按钮,在打开的"插入图片"对话框中选择需插入的图片,单击"插入"按钮即可将该图片插入到幻灯片中,如图 5-35 所示。

图 5-35 插入图片

插入图片后选中该图片,功能区将自动出现"图片工具-格式"选项卡,如图 5-36 所示。

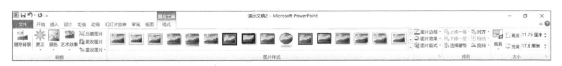

图 5-36 "图片工具-格式"选项卡

2) 图像的编辑

PPT 提供了强大的图像编辑功能,如调整图片大小、裁剪图片、删除背景以及调整图片效果等。

(1) 改变图片的大小

步骤:单击图片,用鼠标拖动图片边框可以调整图片大小。也可以单击"图片工具-格式"选项卡→"大小"组→右下角的"对话框启动器"按钮,打开"设置图片格式"对话框,选择"大小"选项卡,然后在对话框中设置图片大小,如图 5-37 所示。

(2) 图片的裁剪

PPT 中用户可以方便地对图片进行裁剪操作,以截取图片中的有效区域,操作步骤如下:

图 5-37 选择"大小"选项卡

步骤1:选中需要进行裁剪的图片,单击"图片工具-格式"选项卡→"大小"组→"裁剪"按钮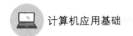。

步骤2:图片周围出现8个方向的裁剪控制柄,用鼠标拖动控制柄将对图片进行相应方向的裁剪,同时可以拖动控制柄将图片复原,直至调整合适为止。

步骤3:将鼠标指针移出图片,则指针将呈剪刀形状,单击鼠标将确认裁剪。如果想恢复图片,单击快速工具栏中"撤销裁剪图片"按钮。

(3) 图片样式选择

步骤:单击"图片工具-格式"选项卡→"图片样式"组→"其他"按钮,在打开的"图片样式"对话框中可以选择合适的样式设置图片格式,如图5-38所示。

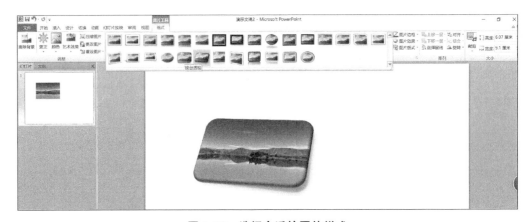

图5-38 选择合适的图片样式

在"图片样式"组,还包括"图片边框""图片效果"和"图片版式"3个命令按钮。

- "图片边框"可以设置图片的边框,以及边框的线型和颜色。
- "图片效果"可以设置图片的阴影效果、旋转等。
- "图片版式"可以设置图片不同的版式等。

除此之外,用户可单击"图片工具-格式"选项卡→"图片样式"组的对话框启动器,利用弹出的"设置图片格式"对话框设置图片的其他格式。

(4) 图片排列

设置图片在页面上的位置。操作步骤如下:

步骤1:选择所需图片,单击"图片工具-格式"选项卡→"排列"组→"上移一层""下移一层"按钮,可上移或下移一层图片的层级。打开按钮右侧的下拉列表,可以将图片置于顶层或底层,如图5-39所示。

图5-39 选择"置于底层"选项

步骤2：单击"对齐"按钮右侧的下拉列表，可以对幻灯片中的图片进行排版布局，使幻灯片整齐美观。

步骤3：单击"旋转"按钮，可以根据需要调整图片的方向。

(5) 删除图片背景

有时插入的图片元素不够突出，需要将图片进行删除背景处理，利用PPT提供的删除背景功能，可快速将图片的多余部分删除，操作步骤如下：

步骤1：选中需要删除背景的图片，单击"图片工具-格式"选项卡"调整"组中的"删除背景"按钮，如图5-40所示。

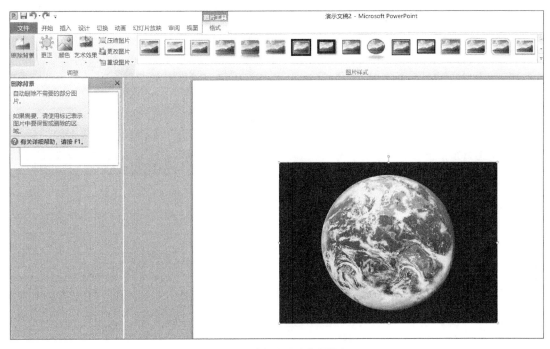

图5-40　选择"删除背景"选项

步骤2：系统会默认出现一个删除背景的区域，单击"保留更改"按钮即可删除背景，如图5-41所示。

步骤3：若默认的删除区域不是用户所希望的，可通过"标记要保留的区域"和"标记要删除的区域"功能进行修改，最后效果如图5-42所示。

(6) 调整图片的亮度和对比度

若插入的图片偏暗，清晰度不高，用户可以不用其他图像处理软件处理，而是先直接插入PPT页面中，然后利用PPT的更正功能对图片进行调整。

步骤1：单击"图片工具-格式"选项卡→"调整"组→"更正"按钮，从列表中选择适合的效果即可，如图5-43所示。

步骤2：若列表中的效果不能满足用户需求，可以选择"图片更正选项"命令，在打开的"设置图片格式"对话框中的"图片更正"选项设置界面中进行设置。

图 5-41 选择"保留更改"选项

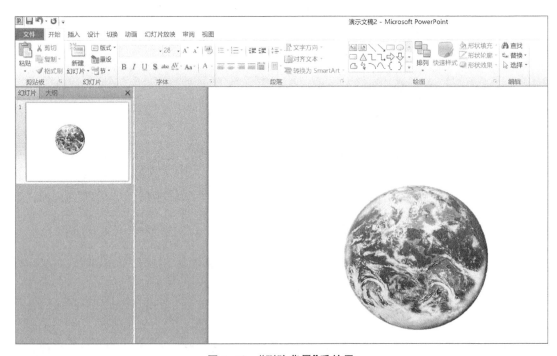

图 5-42 "删除背景"后效果

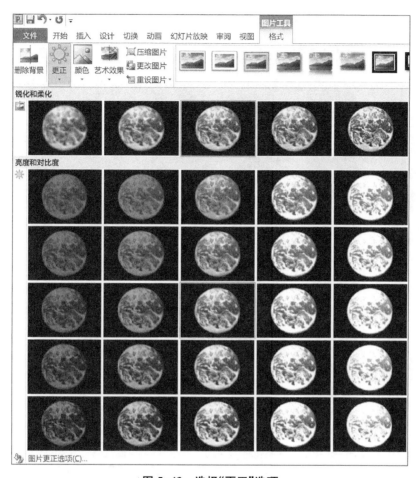

图 5-43　选择"更正"选项

用户可以根据幻灯片的页面背景适当调整图片的饱和度、色调以及为图片重新着色等。

- 调整饱和度和色调

步骤：选择图片，单击"图片工具-格式"选项卡→"调整"组→"颜色"按钮，从列表中的"颜色饱和度"和"色调"选区进行选择即可。

- 重新着色

步骤：在"颜色"列表中的"重新着色"选区，可选择不同的着色方式，若对默认的着色方式不满意，还可选择"其他变体"选项，在展开的关联菜单中进行选择。

（7）将图片转换为 SmartArt

当一张幻灯片中插入多张图片时，为说明这些图片之间的关系，可将图片转换为 SmartArt 图形。

步骤：选择需要转换的图片，单击"图片工具-格式"选项卡→"图片样式"组→"图片版式"按钮，从展开的列表中选择"垂直图片列表"版式，如图 5-44 所示。然后适当调整图片的大小，输入文本即可。

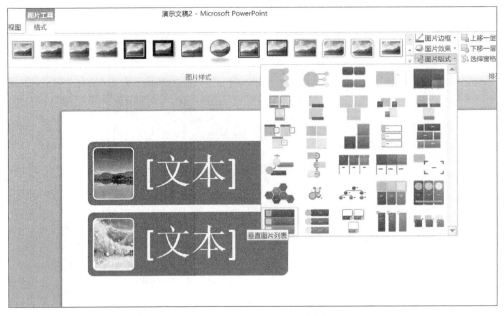

图 5-44 选择"垂直图片列表"版式

3) 相册的插入与编辑

用户若需制作大量图片组成的演示文稿时,如展示个人照片、制作旅游经历等,利用单张图片插入的方法会花费大量时间,此时可利用 PPT 提供的相册功能创建一个相册,然后再设置相应的背景和主题以及其他效果等。

（1）插入相册

步骤 1:打开演示文稿,单击"插入"选项卡→"图像"组→"相册"下拉按钮,从展开的列表中选择"新建相册"命令,如图 5-45 所示。

图 5-45 选择"新建相册"选项

步骤 2:打开"相册"对话框,单击"文件/磁盘"按钮,如图 5-46 所示。

步骤 3:打开"插入新图片"对话框,按住 Ctrl 键的同时选取多张图片,单击"插入"按钮。

步骤 4:返回至"相册"对话框→"相册版式"选项组→单击"图片版式"右侧的下拉按钮,从展开的列表中选择需要的版式→单击"相框形状"右侧的下拉按钮,从列表中选择合适的相框形状,如图 5-47 所示。

步骤 5:单击"主题"右侧的"浏览"按钮,打开"选择主题"对话框,选择合适的主题,单击"打开"按钮,如图 5-48 所示。

步骤 6:返回至"相册"对话框,单击"创建"按钮即可创建一个相册,然后输入标题文字即可。

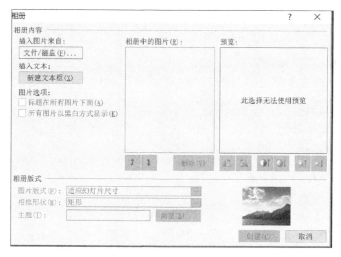

图 5-46 "相册"对话框

图 5-47 设置图片版式和相框形状

图 5-48 "选择主题"对话框

（2）编辑相册

相册创建完成后，若发现图片的顺序、亮度等不满足要求，可以进一步对相册进行编辑。

步骤1：单击"插入"选项卡→"图像"组→"相册"下拉按钮，从打开的列表中选择"编辑相册"命令。

步骤2：打开"编辑相册"对话框，可通过各命令按钮对图片进行调整。调整完成后，单击"更新"按钮，返回幻灯片页面。

4）形状的插入与编辑

PPT 2010提供了强大的绘图工具，用户可以通过它插入各种形状，还可以手动绘制形状，下面以插入"六边形"为例进行介绍，设置阴影效果为内部右上角，其操作步骤如下：

（1）形状的插入

步骤1：单击"插入"选项卡→"插图"组→"形状"→"基本形状"中的"六边形"按钮，如图5-49所示。

步骤2：将鼠标放至幻灯片页面合适位置，当鼠标指针变成十字形时，拖动鼠标左键即可画出一个六边形。

（2）形状的编辑

步骤：双击"六边形"形状，功能区出现"绘图工具-格式"选项卡。同图像的编辑，可以设置其位置、大小，进行翻转、调整叠放次序、组合等操作。

（3）形状样式的设置

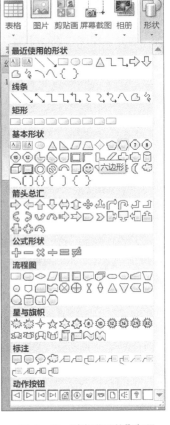

图5-49 选择"形状"选项

步骤：单击"绘图工具-格式"选项卡→"形状样式"组→"形状效果"按钮，在其列表中选择"阴影"选项，打开"阴影"下拉列表，然后设置阴影效果为"内部右上角"即可。

5）SmartArt图形和工具

手动绘制美观的形状相对来说是比较难的，利用PPT 2010提供的SmartArt图形，就可创建出高水准的图表。

（1）创建SmartArt图形

PPT 2010提供了多种类型的SmartArt图形，并且每种类型包含多种布局和结构，方便用户使用，创建步骤如下：

步骤1：单击"插入"选项卡→"插图"组→"SmartArt"按钮。

步骤2：弹出"选择SmartArt图形"对话框，选择图形类别，单击"确定"按钮即可。如图5-50所示。

步骤3：图形创建完成后，为其添加文字说明。将鼠标光标定位在某一图形内部，输入文字即可。

步骤4：也可选中SmartArt图形，单击左侧边框上的向左或向右按钮，在弹出的文本窗格中输入相应的文字。

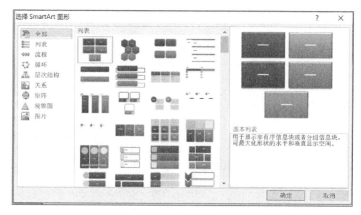

图 5-50 "选择 SmartArt 图形"对话框

(2) 编辑 SmartArt 图形

创建 SmartArt 图形后,发现 PPT 2010 根据当前主题给出了一个默认的样式。而实际工作中,默认的样式往往不能满足需求,用户可以根据需要对其进行编辑,包括添加或删除其中的形状、调整图形结构、更改图形布局以及图形样式等。

• 添加或删除形状

步骤:选择图形中的某一形状,单击"SmartArt 工具-设计"选项卡→"创建图形"组→"添加形状"右侧的下拉按钮,从展开的列表中选择"在后面添加形状"命令即可,如图 5-51 所示。或在选中的图形上单击鼠标右键,在弹出的快捷菜单中选择"添加形状"命令,根据需要在下拉菜单中选择相应的选项。

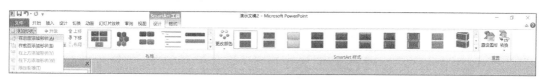

图 5-51 选择"添加形状"选项

• 调整 SmartArt 图形结构

调整 SmartArt 图形结构,包括图形中形状的升/降级、上/下移等,操作步骤如下:

步骤:选择形状,单击"SmartArt 工具-设计"选项卡→"创建图形"组→"升/降级"或"上/下移"即可。

若插入的 SmartArt 图形布局需要进行更改,单击"SmartArt 工具-设计"选项卡→"布局"组中的"其他"按钮,从展开的列表中选择合适的布局方式即可。

5.5.3 插入和编辑表格

幻灯片中表格的使用可以方便用户更直观地对数据进行分析,捕获数据传递的信息。

1) 表格的基础操作

(1) 创建表格

步骤:单击"插入"选项卡→"表格"按钮,拖动鼠标即可确定表格的行数和列数,设置完成后单击鼠标即可创建表格,如图 5-52 所示。

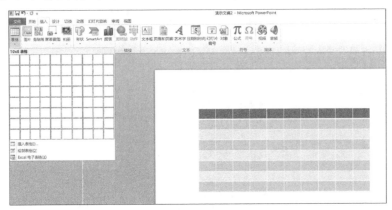

图 5-52 插入表格

利用上述步骤最多只能创建 8 行 10 列的表格,若想创建行列数更多的表格,可选择列表中的"插入表格"选项,在弹出的"插入表格"对话框中进行设置。

（2）调整表格

表格创建完成后,用户若需要对表格进行调整,可通过"布局"选项卡来实现,如图5-53所示。

图 5-53 "布局"选项卡

• 添加行或列

步骤:单击"表格工具-布局"选项卡→"行和列"组→"在上方插入""在下方插入""在左侧插入"和"在右侧插入"几个按钮可完成行和列的插入。若需要插入几行或几列,则可以先选择几行或几列再插入。或通过单击鼠标右键的方式来添加。

• 删除行或列

步骤:将鼠标光标定位至要删除的某一单元格,单击"表格工具-布局"选项卡→"行和列"组→"删除"按钮,从展开的列表中选择即可。或通过单击鼠标右键的方式来删除。

• 合并与拆分单元格

步骤:选择需要合并和拆分的单元格,单击"表格工具-布局"选项卡→"合并"组→"合并单元格",即可完成合并。拆分单元格的步骤与此类似,根据提示完成设置即可。

• 调整行高和列宽

步骤:单击"布局"选项卡→"单元格大小"组→在相应的空格中输入高度和宽度数值进行精确设置,或将鼠标光标直接移至需要调整行高或列宽的单元格边线上,按住鼠标左键不放上下或左右移动即可。

• 分布行和列

步骤:单击"表格工具-布局"选项卡→"单元格大小"组→"分布行"和"分布列"按钮,对表格中的行高或列宽进行平均分布。

- 调整表格大小

步骤：选中表格，单击"表格工具-布局"选项卡→"单元格大小"组→在相应的空格中输入表格宽度和高度的数值进行精确设置，或将鼠标移动到表格的控制点，当指针变成双向的箭头时，按住鼠标左键进行拖动即可。

（3）美化表格

- 套用表格样式

步骤：选中表格，单击"表格工具-设计"选项卡→"表格样式"组，选择合适的表格样式。

- 设置表格底纹

步骤：选中表格，单击"表格工具-设计"选项卡→"表格样式"组→"底纹"按钮，可在下拉菜单中对标题颜色、标准色、图片填充、渐变填充、纹理填充等进行设置。

- 设置表格框线

步骤：选中表格，单击"表格工具-设计"选项卡→"表格样式"组→"边框"右边的下拉按钮，可实现边框颜色、线型、粗细以及边框显示方式的设置。

- 设置表格的特殊效果

步骤：选中表格，单击"表格工具-设计"选项卡→"表格样式"组→"效果"按钮，可实现对表格的凹凸效果、阴影效果以及映像效果的设置。

2) 图表的基础操作

图表以图形的形式直观地表达数据信息，当需要对大量的数据进行分析时，使用图表可以更加直观、形象地体现数据之间的关系，并能增强幻灯片内容的说服力。

（1）图表类型

PPT 2010 提供了 11 种不同类型的图表供选择，分别为柱形图、折线图、饼图、条形图、面积图、XY（散点图）、股价图、曲面图、圆环图、气泡图以及雷达图。如柱形图用于显示不同时间的数据变化或说明各项之间的比较情况。

（2）插入图表

步骤1：选择幻灯片，单击"插入"选项卡→"插图"组→"图表"按钮，在打开的"插入图表"对话框中选择合适类型的图表，单击"确定"按钮，如图 5-54 所示。

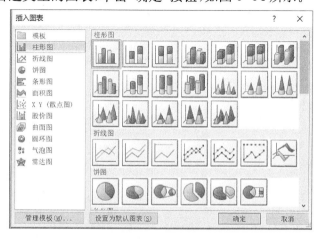

图 5-54　"插入图表"对话框

步骤 2：程序自动打开 Excel 工作表，输入相关数据，输入完毕，单击"关闭"按钮即可，如图 5-55 所示。

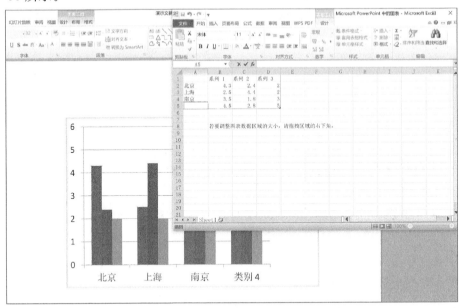

图 5-55　输入数据

（3）编辑图表

图表创建完成后，可以根据需要对图表进行编辑，主要包括编辑图表数据、更改图表布局以及设置数据系列等。

- 编辑图表数据

步骤：单击"图表工具-设计"选项卡→"数据"组→"编辑数据"按钮，弹出 Excel 工作表，可实现添加新数据、删除图表中的行和列、改变数据行或列在图表中的位置等操作。

- 更改图表布局

步骤：选择图表，切换至"图表工具-布局"选项卡，可以在"标签"组中对图表的标题、图例等进行设置。如对图表标题的设置，单击"图表标题"按钮，从列表中进行选择，若需要进一步的设置，可选择"其他标题选项"，如图 5-56 所示，在打开的"设置图表标题格式"对话框中进一步设置。

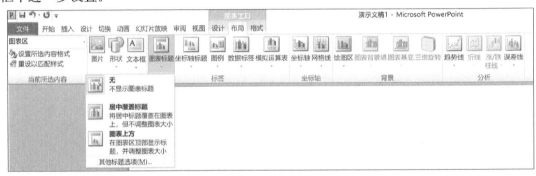

图 5-56　选择"图表标题"选项

• 设置数据系列

步骤：选择图表，单击"图表工具-布局"选项卡→"当前所选内容"组→"图表元素"下拉按钮，从列表中选择需要的数据系列选项，如图 5-57 所示。

图 5-57　设置数据系列

5.5.4　插入和编辑声影

1) 插入和编辑音频

用户可以在幻灯片中插入合适的音频来满足不同场合的需要，而音频可以是来自外部的文件，也可以是来自"剪贴画音频"，还可以是用户自己录制的声音。

（1）插入文件中的音频

步骤 1：单击"插入"选项卡→"媒体"组→"音频"下拉按钮，从展开的列表中选择"文件中的音频"选项，如图 5-58 所示。

图 5-58　选择"文件中的音频"选项

步骤 2：打开"插入音频"对话框，选择需要插入的音频文件，单击"插入"按钮。

（2）插入剪贴画音频

步骤 1：单击"插入"选项卡→"媒体"组→"音频"下拉按钮，从展开的列表中选择"剪贴画音频"选项。

步骤 2：打开"剪贴画"任务窗格，在该窗格中列出了一些声音文件，单击要插入的文件即可将其插入到幻灯片中。

（3）插入录制的音频

步骤 1：选择幻灯片，单击"插入"选项卡→"媒体"组→"音频"下拉按钮，从展开的列表中选择"录制音频"选项。

步骤2:弹出"录音"对话框,单击"录制"按钮开始录制,录制过程中可以单击"暂停"按钮暂停录制,录制完成后,可以单击"播放"按钮试听音频,然后单击"确定"按钮即可将录制的音频插入到幻灯片中。

(4) 设置音频图标格式

插入音频后,用户还可以对音频的图标进行设置,如更改图标,步骤如下:

步骤1:选择声音图标,单击"音频工具-格式"选项卡→"调整"组→"更改图片"按钮,如图5-59所示。

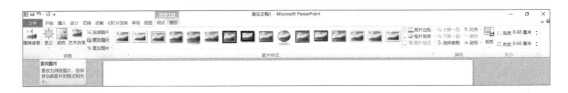

图5-59　选择"更改图片"按钮

步骤2:打开"插入图片"对话框,选择合适图片后单击"插入"按钮即可。

(5) 裁剪音频

裁剪音频可以设置声音的开始和结束时间,还可以为裁剪后的音频设置淡入淡出效果,步骤如下:

步骤1:选择声音图标,单击"音频工具-播放"选项卡→"编辑"组→"裁剪音频"按钮。

步骤2:打开"裁剪音频"对话框,拖动两端的时间控制手柄调整声音文件的开始时间和结束时间,设置完成后,单击"确定"按钮即可。

(6) 设置音频播放选项

单击"音频工具-播放"选项卡,还可以对声音的播放选项进行设置,如声音的播放方式、循环播放以及音量等。

2) 插入和编辑视频

用户可根据需要插入与当前内容相匹配的视频文件,并可对其进行美化、设置播放方式等操作。

(1) 插入视频

文件中插入视频的操作与文件中插入音频的操作大体相似,这里不再赘述。

(2) 编辑视频

插入视频后,单击"视频工具-格式"选项卡→"播放""更正""颜色""重置设计"按钮,可对视频的播放格式进行相应的设置,如图5-60所示。

系统默认视频文件中的第一帧为标牌框架,若用户不满意,可以自己设置标牌框架,其可以是文件中的图片,也可以是视频文件中的某一个画面,具体操作如下:

图 5-60 "视频工具-格式"选项卡

• 使用图像作为标牌框架

步骤1:选择视频,单击"视频工具-格式"选项卡→"调整"组→"标牌框架"按钮→"文件中的图像"命令。

步骤2:打开"插入图片"对话框,选择合适的图片,单击"插入"按钮即可。

• 使用视频中的某个画面作为标牌框架

步骤1:选择视频,单击视频播放控制条上的"播放/暂停"按钮播放视频文件,当出现需要的界面时,单击"播放/暂停"按钮暂停播放。

步骤2:单击"视频工具-格式"选项卡→"调整"组→"标牌框架"按钮→"当前框架"命令,即可将当前画面设置为标牌框架。

(3) 设置视频播放

单击"视频工具-播放"选项卡,还可根据需要对视频的播放选项进行设置,如预览视频、为视频添加书签、裁剪视频、设置视频淡入淡出效果、调节视频音量等等。

5.5.5 幻灯片的交互设置

PPT 2010 为用户和幻灯片之间提供了交互功能,用户可以为每张幻灯片设置放映时的切换效果,可以为幻灯片的对象添加动画效果和超级链接。

1) 为幻灯片设置切换效果

幻灯片的切换是指幻灯片演示时一张幻灯片放映完成后,下一张幻灯片以什么样的方式出现在屏幕中的衔接效果,操作步骤如下:

步骤1:选择需要应用切换效果的幻灯片,单击"切换"选项卡→"切换到此幻灯片"组中的"其他"按钮。在展开的列表中选择一种合适的切换方案,如图 5-61 所示。

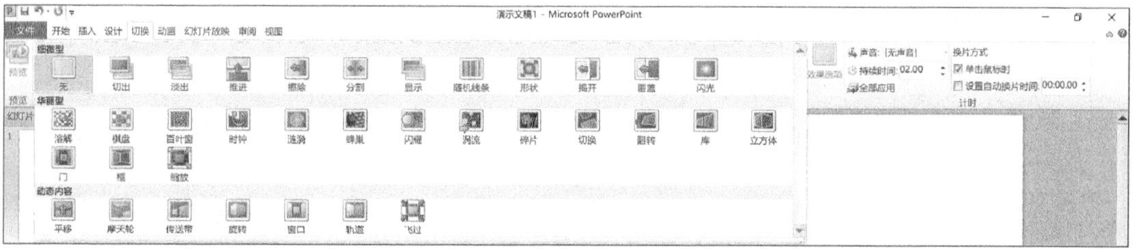

图 5-61 设置切换效果

步骤2:在"幻灯片/大纲"窗格可以看到幻灯片下方显示★符号,可以进一步设置该方案的效果。单击"效果选项"按钮,从列表中选择一种合适的效果即可,如图5-62所示。设置完成后,可单击"预览"按钮,预览切换效果。

步骤3:单击"声音"右侧的下拉按钮,选择合适的声音效果。通过"持续时间"右侧的数值框,可调节切换的持续时间。

2) 为对象设置动画

(1) 添加动画效果

• 添加单个动画效果

步骤:选择要添加动画的对象,单击"动画"选项卡→"动画"组中的"其他"按钮,从展开的列表中进行选择即可,如图5-63所示,选择"飞入"效果。

添加动画效果后,单击"动画"组中的"效果选项"按钮,可在展开的列表中选择进入的效果,选择"自底部"效果。

图 5-62 单击"效果选项"按钮

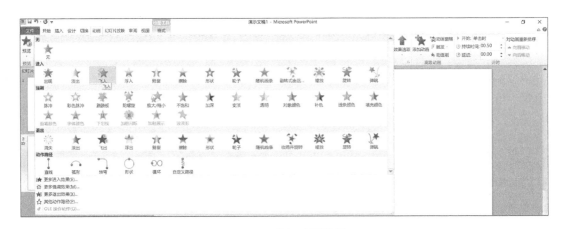

图 5-63 选择动画效果

• 添加多个动画效果

步骤:若需对当前对象添加多个动画效果,单击"动画"选项卡→"高级动画"组→"添加动画"按钮,从展开的列表中选择合适的效果,如图5-64所示,选择"放大/缩小"效果。

• 修改和删除动画效果

步骤:要修改多个动画效果中的一个,可单击动画左侧的数字选中该效果,然后根据需要进行修改即可。要删除该动画,选中动画效果后,按 Delete 键直接删除即可。

(2) 动画窗格的使用

单击"动画"选项卡→"高级动画"组→"动画窗格"按钮,将打开"动画窗格"对话框,如图5-65所示,可看到当前幻灯片中对象应用的所有动画效果选项,且各选项的排列顺序就是动画播放的顺序。若要调整动画顺序,可以在"动画窗格"中选择某一动画效果选项,拖动鼠标来调整。或者选择某一动画效果,单击"上移"或"下移"按钮,可将所选动画效果上移或下移一个位置。

图 5-64　添加多个动画效果

图 5-65　动画窗格

选中某一动画效果后，在"动画窗格"对话框该项效果的右侧将出现一个下拉按钮，单击该按钮，在展开的列表中可设置动画开始的方式、动画效果和动画计时等。若选择"效果选项"，则打开相应的效果对话框，在该对话框中可对效果、计时、图表动画等项进行详细的设置，如图 5-66 所示。

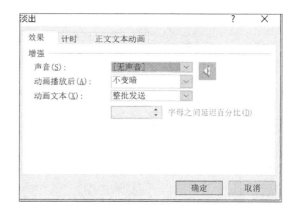

图 5-66　"淡出"效果对话框

3)为对象设置超级链接

演示文稿中,可通过插入链接的方式将对某个对象进行说明的大量信息呈现出来,使整个文档的结构更美观。

(1)创建超链接

• 创建文本超链接

步骤1:选择需要设置超链接的文字,单击"插入"选项卡→"链接"组→"超链接"按钮。

步骤2:打开"插入超链接"对话框,选择需要链接的位置即可,如图5-67所示。

图 5-67 "插入超链接"对话框

• 创建动作按钮超链接

使用"动作"按钮,可将有关联的幻灯片与当前幻灯片链接,步骤如下:

步骤1:选择需要插入链接的幻灯片,单击"插入"选项卡→"插图"组→"形状"按钮,在下拉列表的"动作按钮"项中选择"后退或前一项"选项,如图5-68所示。

步骤2:当鼠标指针变成十字形时,拖动鼠标绘制合适的动作按钮。

步骤3:打开"动作设置"对话框,选中"超链接到"单选按钮,选中要链接的幻灯片,如图5-69所示。

(2)编辑超链接

• 更改链接地址

对于文字或图片来说,单击"插入"选项卡→"链接"组→"超链接"按钮,或者右键单击,选择"编辑超链接"命令,在打开的对话框中进行更改即可。

对于动作按钮超链接来说,单击"插入"选项卡→"链接"组→"动作"按钮,在打开的对话框中进行更改即可。

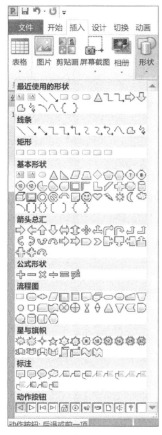

图 5-68　选择"后退或前一项"选项

图 5-69　"动作设置"对话框

- 更改链接文字颜色

步骤1：选择幻灯片，单击"设计"选项卡→"主题"组→"颜色"按钮→在下拉列表中选择"新建主题颜色"选项，如图 5-70 所示。

图 5-70　选择"新建主题颜色"选项

步骤2：在弹出的"新建主题颜色"对话框中单击"超链接"右侧的"颜色"下拉按钮，选择合适的颜色作为超链接颜色；同时设置已访问的超链接颜色；在"名称"右侧的文本框中输入新建主题颜色的名称,单击"保存"按钮即可,如图 5-71 所示。

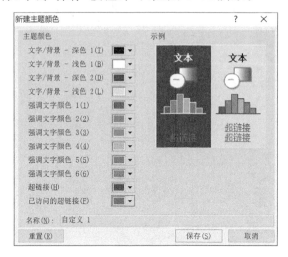

图 5-71 "新建主题颜色"对话框

- 清除超链接

步骤:右键单击需要清除的超链接,选择"取消超链接"命令即可。

5.6 幻灯片的放映与输出

5.6.1 放映幻灯片

制作完成一个演示文稿之后,可以通过放映幻灯片展示出来。

1) 启动幻灯片放映

(1) 从头开始放映

步骤:打开演示文稿后,按 F5 键,或者单击"幻灯片放映"选项卡→"开始放映幻灯片"组→"从头开始"按钮,即可从第一张幻灯片开始放映该演示文稿。按 Esc 键可以停止放映。

(2) 从当前幻灯片开始放映

步骤:打开演示文稿后选择要开始播放的幻灯片,单击"幻灯片放映"选项卡→"开始放映幻灯片"组→"从当前幻灯片开始"按钮即可实现。

2) 自定义放映

步骤1:打开演示文稿,单击"幻灯片放映"选项卡→"开始放映幻灯片"组→"自定义幻灯片放映"按钮,如图5-72所示。

图 5-72 选择"自定义幻灯片放映"选项

步骤2:打开"自定义放映"对话框→单击"新建"按钮,打开"定义自定义放映"对话框,在"幻灯片放映名称"文本框中输入放映名称,从"在演示文稿中的幻灯片"列表框中,选取要放映的幻灯片,单击"添加"按钮,如图5-73所示。

图5-73　自定义幻灯片放映

步骤3:再次单击"自定义幻灯片放映"按钮,可看到刚才定义的名称,选取该名称即可放映。

5.6.2　设置幻灯片放映

1) 设置放映方式

步骤:单击"幻灯片放映"选项卡→"设置"组→"设置幻灯片放映"命令,打开"设置放映方式"对话框,如图5-74所示,可完成对放映类型、放映选项、放映范围和换片方式的设置。

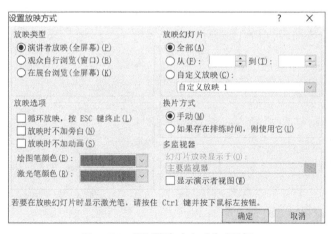

图5-74　"设置放映方式"对话框

2) 隐藏幻灯片

若放映幻灯片时,用户不想播放某些幻灯片,可将其隐藏起来,操作步骤如下:

步骤:打开演示文稿,选择需要隐藏的幻灯片,单击"幻灯片放映"选项卡→"设置"组→"隐藏幻灯片"按钮。被隐藏的幻灯片左上角会显示"\"标记,若想取消隐藏,则选中隐藏的幻灯片后,再次单击"隐藏幻灯片"按钮即可。

3）录制旁白

录制旁白可让用户在放映幻灯片时实现视频效果，操作步骤如下：

步骤1：在左侧"幻灯片/大纲"窗格中，选中第2张幻灯片，单击"幻灯片放映"选项卡→"设置"组→"录制幻灯片演示"按钮→在下拉列表中选择"从当前幻灯片开始录制"选项，如图5-75所示。

步骤2：打开"录制幻灯片演示"对话框，取消选中"幻灯片和动画计时"复选框，单击"开始录制"按钮，如图5-76所示。

图 5-75　选择"从当前幻灯片开始录制"选项

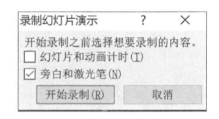

图 5-76　"录制幻灯片演示"对话框

步骤3：进入录制状态，左上角会显示"录制"状态栏，单击"下一项"按钮可切换至下一张幻灯片，单击"暂停"按钮可暂停录制。

步骤4：按 Esc 键直接退出幻灯片放映状态。录制结束可自动切换至幻灯片浏览视图，单击"视图"选项卡→"演示文稿视图"组→"普通视图"按钮返回普通视图状态。可看到录制旁白的幻灯片中出现了声音图标，播放即可收听录制的旁白。

如何清除旁白呢？在"幻灯片放映"选项卡"设置"组中单击"录制幻灯片演示"按钮→"清除"选项→"清除当前幻灯片中的旁白"选项。

4）排练计时

当需要计算演示文稿放映所需要时间或者设置自动播放时，需使用排练计时，操作步骤如下：

步骤1：单击"幻灯片放映"选项卡→"设置"组→"排练计时"按钮。

步骤2：根据需要依次设置每张幻灯片的停留时间，最后一张时单击鼠标左键，弹出提示对话框，单击"是"按钮，如图5-77所示。

图 5-77　单击"是"按钮

5）激光笔的使用

若希望指出某处内容，可采用激光笔突出显示，操作步骤如下：

步骤1：按住 Ctrl 键的同时，单击鼠标左键即可显示激光笔。

步骤2：设置激光笔颜色。单击"幻灯片放映"选项卡→"设置"组→"设置幻灯片放映"按钮，打开"设置放映方式"对话框→"放映选项"选项组→"激光笔颜色"选项，选择合适的颜色。

6）放映时标注幻灯片

步骤1：按 F5 键播放幻灯片后，右键单击，选择"指针选项"命令→"笔"命令，拖动鼠标即可在幻灯片上进行标记,如图 5-78 所示。

步骤 2:绘制完成后,按 Esc 键退出,将弹出一个对话框,询问是否保留墨迹注释,用户根据需要选择。

步骤 3:若要改变画笔颜色,在播放幻灯片状态单击右键,选择"指针选项"→"墨迹颜色"选项,在列表中选择合适的颜色。

5.6.3 演示文稿的输出

图 5-78 选择"笔"命令

PPT 2010 除了可以保存为普通的文稿之外,还可以保存为 PDF/XPS 文件,创建视频、讲义以及打包到 CD 光盘等。

1) 创建 PDF/XPS 文档

步骤 1:打开演示文稿,执行"文件"选项卡→"保存并发送"命令,选择右侧"文件类型"下的"创建 PDF/XPS 文档"选项,单击右侧的"创建 PDF/XPS"按钮,如图 5-79 所示。

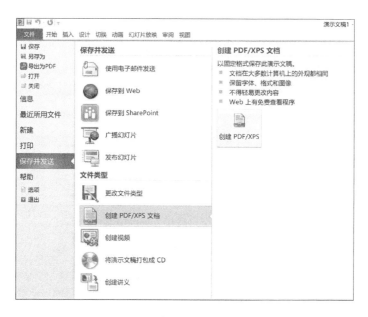

图 5-79 创建 PDF/XPS 文档

步骤 2:打开"发布为 PDF 或 XPS"对话框,选择合适的保存位置和保存类型,输入文件名,点击"发布"按钮即可完成创建。

2) 创建视频

步骤 1:打开演示文稿,执行"文件"选项卡→"保存并发送"命令,选择右侧"文件类型"下的"创建视频"选项,单击右侧的"创建视频"按钮。

步骤 2:打开"另存为"对话框,选择保存位置并设置文件名后单击"保存"按钮,即可将演示文稿创建为视频。

3) 打包成 CD

步骤1：打开演示文稿，执行"文件"选项卡→"保存并发送"命令→"将演示文稿打包成 CD"命令，右侧单击"打包成 CD"，打开"打包成 CD"对话框。

步骤2：单击"复制到文件夹"按钮，打开"复制到文件夹"对话框，单击"浏览"按钮选择 CD 文件要存放的文件夹，单击"确定"按钮开始发布，最后单击"关闭"按钮关闭"打包成 CD"对话框。

5.6.4 打印演示文稿

在打印演示文稿之前，需设置打印的页数、范围以及打印版式等。

步骤：执行"文件"选项卡→"打印"命令，所有关于打印设置的命令，都集中在"打印"选项中，如图 5-80 所示。

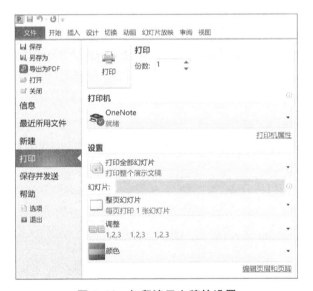

图 5-80 打印演示文稿的设置

第 6 章

图 像 处 理

日常生活中,我们时常面临要处理电子图片的需求。调整证件照的格式、大小、背景色,美化自拍照的脸形和肤色,对 100 张图片做相似处理,制作一个印章,还是合成一张搞笑图片,都可以利用计算机应用软件(例如 Windows 操作系统内嵌的画图程序、Adobe 公司的 Photoshop 软件等)轻松达成。学习计算机基本图像知识,掌握基本图像处理技能,是计算机文化基础学习的必要部分。

6.1 图像处理基础知识

本书所讲图像处理,特指数字图像处理(Digital Image Processing),又称计算机图像处理。本章主要介绍计算机图像处理中最基本的概念,主要是位图与矢量图、像素、分辨率、图像色彩模式、图像类型等等。

6.1.1 图像和图形

学习图像处理,必须要理解和区分两个容易混淆的概念,即图像(Image)和图形(Graph)。

1) 图像

图像也称位图(Bitmap),是我们平时最常见、最常用的影像形式。日常我们用手机、相机拍摄获得的影像,都是电子图像,它由所谓像素来组成,像素密度越大(分辨率越高),像素个数越多(占用存储空间越大),像素能表达的信息越丰富(色彩位数越高),那么图像能表达的色彩信息就越丰富,一般也就越清晰。

位图图像又可称为"栅格图像",在 Photoshop 中执行所谓"栅格化"命令,就是把一幅"矢量图"转变为"栅格图像",也就是变为位图图像。这类图像在计算机中存储和表达时,会为每一个像素分配特定的位置和信息值,原始状态下,一幅位图横向有多少像素、竖向有多少像素,是既定的。如果我们试图缩放位图,那么就是减少或者增多像素(图像编辑软件自带减少或者增多的差值计算方法),势必会导致原始状态的像素信息被破坏,出现缩小后锯齿状或者放大后"发虚"的情况,如图 6-1 所示。

2) 图形

图形又称矢量图(Vector Drawn)、矢量形状或者矢量对象,它是根据人们实际需要(例如楼体结构描绘、室内装修布局描绘、项目施工结构描绘等),利用构图几何特性来绘制的。矢量图的组成元素是一些点、直线、弧线等,常用于框架结构的图形处理,应用非常广泛,如计算机辅助设计(CAD)系统,就常用矢量图来描述十分复杂的几何图形,为我们工程施工、室内装修布局结构等工作提供巨大便利。跟图像比,图形的元素简单,不需要有特别丰富的色彩信息，可以利用数学计算实时产生准确的新景象，所以任意放大或者缩小后，清晰依旧，如图 6-2 所示。

日常使用中，我们用 Illustrator、CorelDraw、CAD 等软件创作的图形，都是矢量图。

图 6-1　图像(位图)示例

图 6-2　图形(矢量图)示例

6.1.2　像素与分辨率

1) 像素

简而言之就是组成位图图像的"基本元素"，这个概念，基本只对"人造图像"有意义，例如用计算机等电子设备表达图像，或者用打印机等印刷图像，才涉及像素概念。本质上，像素是指电子设备生成、存储和表达图像的基本原则，概念上可以阐释为其基本原色素及其灰度的编码，或者是一种用来计量、表达数码影像的单位。

我们若把影像放大数倍，会发现这些连续色调其实是由许多色彩相近的小方点所组成，这些小方点就是构成影像的最小单位——像素。如图 6-3 所示，我们把一张图像放大后，可以看到组成它的"像素"小方块。通常情况下，一幅图像的大小，是指横向和竖向的像素数量，例如我们说一幅图是 800 px×600 px，是指这幅图横向有 800 个像素点，竖向有 600 个像素点。

2) 分辨率

分辨率是指位图图像单位尺寸中的像素数，代表了位图图像的细节精细度，常用测量单位一般是像素/英寸(ppi)。一般来说，单位尺寸内像素数越多，分辨率越高，图像显示或者印刷的质量也就越高。如图 6-4 所示，左侧图片分辨率为 300 ppi，右侧图片为 72 ppi，可以看到左侧图片的清晰度和细节丰富程度均高于右侧图片。

图 6-3　"像素"组成图像示例

图 6-4　"300 ppi"图像与"72 ppi"图像对比图

6.1.3 颜色模式

颜色模式又称色彩模式,是指电子设备以数字形式表现颜色的方式,或者说是一种记录和表达图像颜色的方式。常见的颜色模式有 RGB 颜色模式、CMYK 颜色模式、HSB 颜色模式、Lab 颜色模式、位图颜色模式、灰度颜色模式、索引颜色模式、双色调颜色模式和多通道颜色模式等。本节只介绍常用的 RGB、CMYK、位图、灰度和索引颜色模式,其余模式不再介绍。

1) RGB 颜色模式

RGB 颜色模式是电子设备最常用的颜色生成和显示模式,作为电子显示器工业界的核心颜色标准,它是通过对红(Red)、绿(Green)、蓝(Blue)三个基本原色进行数值变化,用不同数值(或者浓度)的 RGB 值进行叠加,最终得到各式各样颜色的一种模式。

RGB 模式因为用三基色进行叠加生成颜色,又称为加光模式或者发光模式。按显示标准,工业界将 R、G、B 分别定义为 0~255 个数值级别,不同级别的 R、G、B 互相叠加,能够生成 1 670 多万种颜色。

2) CMYK 颜色模式

CMYK 颜色模式是印刷行业最常用的模式,又称印刷模式,是一种依靠青色(Cyan)、洋红(Magenta)、黄色(Yellow)和黑色(Black)等 4 种油墨进行混合、反光产生色彩的模式,所以也称减光模式。这种模式能够表达的色彩数量要低于 RGB 颜色模式,我们将 RGB 颜色模式的图像转换为 CMYK 颜色模式后,颜色丰富度可能有一定减少,但所见效果最符合实际印刷样貌。所以日常中,我们常常以 RGB 颜色模式来编辑图片,然后转换为 CMYK 颜色模式后去印刷,如图 6-5 和图 6-6 所示。

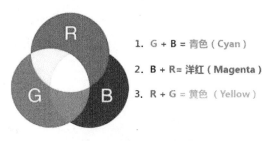
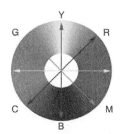

图 6-5　RGB 颜色模式　　　　图 6-6　CMYK 颜色模式

3) 位图颜色模式

位图颜色模式是只用黑色和白色来表现图像的模式,又称黑白模式。位图模式的图像,每一个像素要么是纯黑色(对应 RGB 值为 0,0,0),要么是纯白色(对应 RGB 值为 255,255,255),不存在中间灰度色值。如果我们将一幅彩色图像调整为位图图像,那么图像会变成黑白色,虽然图像的像素数和分辨率不变,但颜色信息简化了,进而所需要的存储容量也就变小了(即图片体积变小)。

例如图 6-7,我们将左侧 RGB 颜色模式的图片,在 Photoshop CS5 中以"扩散仿色"方法转换为位图颜色模式后,图片中的像素即转变为非黑即白的像素。

图 6-7　RGB 颜色模式和位图颜色模式

4）灰度颜色模式

灰度颜色模式是只用黑色到白色间的单一灰度色调来表现图像的模式。位图模式的图像，每一个像素是纯黑色（对应 RGB 值为 0,0,0）到纯白色（对应 RGB 值为 255,255,255）间的某个灰度值。灰度图像可以使用不同的灰度级，例如在 8 位灰度图像中，电子设备会将图像从最黑到最白区分为 256 个级别，图像中每个像素都对应一个 0（纯黑）～255（纯白）的亮度值；此外还可以定义图像为 16 位灰度或 32 位灰度等更高级别，对应的灰度级则可以达到 6 万多级和 40 多亿级。

如果我们将一幅彩色图像调整为灰度图像，那么图像会变成灰白色，同位图一样，因为颜色信息简化，进而所需要的存储容量也会变小。例如图 6-8，我们将左侧 RGB 颜色模式的图片，在 Photoshop CS5 中转换为灰度颜色模式后（8 位），图片中的像素即转变为灰白像素。

图 6-8　RGB 颜色模式和灰度颜色模式

5）索引颜色模式

索引颜色模式是指以某种编码方法，将图像中千差万别的各类颜色，对应替换成系统或软件定义的某种颜色，进而表现图像的模式。这种模式一般需要基于 RGB、CMYK 等基本图像模式，通过限制图像中的颜色总数来实现有损压缩。

例如 8 位/通道的图像，索引颜色模式可以对应最多 256 种颜色。将原始 RGB 图像转换为索引色图像后，原本图像中的色彩就按某种编码规律，对应替换为这 256 种颜色中的一种。如图 6-9，图像调整为索引色后，可以看到色彩质量有所下降，但图像体积却大大缩减。

图 6-9　RGB 颜色模式和索引颜色模式

6.1.4　图像的种类

日常工作或生活中，当我们要使用或处理电子图像时，不可避免要面对不同种类的图像。熟悉电子图像的常见类别，了解各种类型图像的特点和用途，是学习图像处理的必要环节。

本节主要介绍电子设备中常用的几种存储格式，包括 JPEG、GIF、TIFF、PNG、BMP、PSD 等格式。

（1）JPEG 图片。这是一种由联合图像专家组（Joint Photographic Experts Group）开发的常见图像格式，它的文件扩展名为.jpg 或.jpeg，这种格式用有损压缩方法去除图像的冗余彩色数据，在获得极高压缩率的同时，还能展现十分丰富生动的图像，可以用较少的内存空间得到较好的图片质量，是一种高效的压缩格式，能够最大限度地节约网络资源，提高传输速度，因此用于网络传输的图像，一般存储为该格式。

（2）GIF 格式。这是一种以超文本标志语言（Hypertext Markup Language）为显示索引的彩色图像模式，1987 年 Compu Serve 公司为了填补跨平台图像格式的空白而设计发展，英文全称是 Graphics Interchange Format，可译为图形交换格式，可以在 PC 和 Mactiontosh 等多种平台上被支持，在因特网和其他在线服务系统上得到广泛应用。

该种格式的特点是通用性好,文件经过压缩占用空间较小,适合于网络传输,一般常用于存储和展示简单的动画效果。

(3) TIFF格式。这是一种灵活的位图格式,最初由 Aldus 公司与微软公司一起为 PostScript 打印开发,设计目的是为桌面扫描仪厂商达成一个公用的、统一的扫描图像文件格式,在各种扫描仪生成的图像文件中较为常见,英文全称是 Tag Image File Format,译为标签图像文件格式,在业界得到广泛支持。

这种格式对图像信息的存放灵活多变,可以支持很多色彩系统,并且独立于操作系统(具有较好的跨平台性)。在各种地理信息系统、摄影测量与遥感等应用中,要求图像具有地理编码信息,例如图像所在的坐标系、比例尺、图像上点的坐标、经纬度、长度单位及角度单位等,TIFF 格式就具备独特的优势。

(4) PNG 格式。这是一种无损压缩的位图片形格式,英文全称是 Portable Network Graphics,可译为便携式网络图形,其设计目的是替代 GIF 和 TIFF 文件格式,同时增加一些 GIF 文件格式所不具备的特性。

该种格式的特点是图片可进行不失真(可逆)压缩,并具有互换相容性,它压缩比高,生成文件体积小,还可以支持透明度的处理,一般应用于 JAVA 程序、网页或 S60 程序中。

(5) BMP 格式。这是一种 Windows 操作系统标准图像文件格式,英文全称为 Bitmap(位图),它以独立于设备的方法描述位图(3.0 版本以后),能够被几乎所有 Windows 应用程序所支持。

这种格式的优点是包含图像信息较丰富,几乎不进行压缩,能够保存图像最多的细节,缺点是占用内存空间过大。所以,BMP 图像一般不太用于网络传输,而是以单机存储为主。

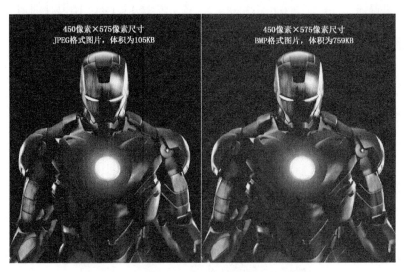

图 6-10　JPEG 图片和 BMP 图像体积大小对比

(6) PSD 格式。这是一种 Photoshop 软件中使用的一种标准图像文件格式,可以保留图像处理中产生的图层信息、通道蒙版信息等,便于后续修改和特效制作。PSD 格式图像能够支持从线图到 CMYK 图的所有图像类型,但通用性不太好,主要被 Photoshop

支持。

一般在 Photoshop 中制作和处理的图像建议存储为该格式,以最大限度地保存数据信息,待制作完成后再转换成其他图像文件格式,进行后续的排版、拼版和输出工作。

6.1.5 图像的属性

上文已专门讲述了像素和分辨率这两个重要概念,本节主要讲解数字图像的三个基本属性——色相、亮度、纯度,以及延伸出来的几个重要概念——色调、对比度、饱和度。

(1)色相。顾名思义即颜色的"相貌",是光反射到人眼视神经上所产生的感觉,代表图像的色彩类别归属,例如红、橙、黄、绿、蓝、紫,指的就是某种颜色的色相。我们调整图像的色相,就是改变图像的颜色类型,例如将图像从红色调整为蓝色。色相的不同主要取决于反射光波的波长不同。

(2)亮度。又称色彩的明度,是指颜色的明暗差异和深浅变化。以同一种颜色(色相相同)为例,深黄、中黄、淡黄、柠檬黄等黄颜色在明度上就不一样,紫红、深红、玫瑰红、大红、朱红、橘红等红颜色在亮度上也不尽相同。这些颜色在明暗、深浅上的不同,也就是色彩亮度。在图像中,明度最高的色为白色,明度最低的色为黑色,中间存在一个从亮到暗的灰色系列。亮度的不同主要取决于反射光波的振幅大小。

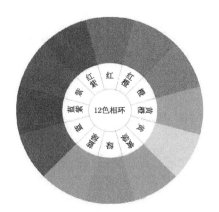

图 6-11 "十二色相环"变化示意图

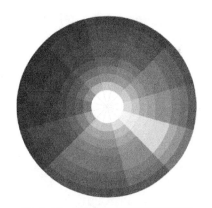

图 6-12 "色彩明度"变化示意图

(3)纯度。又称色彩的饱和度,指的是色彩的鲜艳程度或者纯粹程度。以光谱色为标准,越接近光谱色的色彩其纯度就越高,人们常常把纯度低的色彩称作"浊色",而把高纯度的色彩称为"清色"。纯度的不同主要取决于颜色的波长单一程度。

我们从图 6-14 中可以更为清晰地理解图片三要素之间的属性关系,对色相、明度、纯度的内涵有更好的把握。

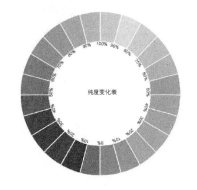

图 6-13 "色彩纯度"变化示意图

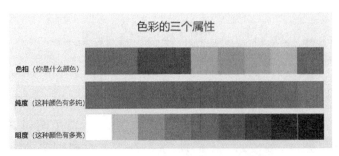

图 6-14　色相、明度、纯度对比示意图

（4）色调。是指用色彩的色相、明度和纯度相结合的方式来表现色彩的整体状态，在概念上，与色彩的三要素既有区别又紧密关联。通常情况下，当我们提到色调这一概念，往往对应色彩三要素的某种倾向性，例如"这幅图是红色调、绿色调、蓝色调"（色相倾向）、"这幅图是亮色调、中间色调或暗色调"（明度倾向）或者"这幅图是暖色调、中性色调、冷色调"（色相和明度共同倾向）。

（5）对比度。是指对图像中明暗区域最亮的白和最暗的黑之间不同亮度层级的测量，即指一幅图像灰度反差的大小，差异范围越大代表对比越大，差异范围越小代表对比越小。对比度代表的是图像明度的高低差值，以图 6-16 为例，当我们将左侧原图的对比度增大后，得到的右侧图像亮的部位更亮，暗的部位更暗。

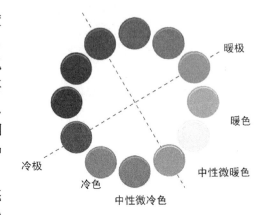

图 6-15　"冷暖色调"对比示意图

图 6-16　原图和增加对比度后图片变化对比示意图

6.2 Photoshop 软件简介

Photoshop 是 Adobe 公司旗下的一款优秀图像处理软件,也是当今世界用户群最多的平面设计软件。本章主要对 Photoshop 的历史由来、主要用途和基本操作做简要介绍,最后以几个日常生活工作中常常面对的实例来学习一下 Photoshop 的使用方法。

6.2.1 Photoshop 的历史由来

1987 年秋天,托马斯·洛尔(Thomes Knoll),美国一名攻读博士学位的研究生,一直尝试编写一个名为 Display 的程序,使得在黑白位图监视器上能够显示灰阶图像,这个编码正是 Photoshop 的开始。随后,其发行权被大名鼎鼎的 Adobe 公司买下,1990 年 2 月,只能在苹果机器(Macintosh)上运行的 Photoshop 1.0 面世了。

1991 年 2 月,Photoshop 2.0 正式发行,新增了矢量图形编辑功能,软件变得更加强大,一直到 2003 年,Adobe Photoshop 发布 8.0 版本并被更名为 Photoshop CS(Creative Suit),将 Photoshop、Dreamweaver、Illustrator 等软件放在一起发售,强调软件套装的统一创作环境,直至 2012 年 Photoshop CS6 发布,CS 版本迎来终结。

2013 年,Adobe 公司发布新版本 Photoshop CC(Creative Cloud),同期发布了 Creative Cloud 云服务,增加云端的文件存取服务。CC 系列的 Photoshop,虽然也需要将客户端下载到本地安装,但想要使用,就必须连接互联网"按期付费",而不能像 CS 之前的版本一样,一次性买断使用权。目前,最新版本的 Photoshop CC 是 2019 年 1 月发布的 Photoshop 2019。

表 6-1 Adobe Photoshop 编年史

年份	事件
1987 年	Knon 兄弟编写了一个灰阶图像显示程序,即 Photoshop.87
1988 年	Adobe 公司买下了 Photoshop 的发行权
1990 年	Photoshop 1.0 发布,大小仅为 100 KB
1991 年	Photoshop 2.0 发布,引入了路径功能,Adobe 成为行业的标准
1992 年	Photoshop 2.5 发布,第一个 MS Windows 版本,Photoshop 2.5.1 发布
1994 年	Photoshop 3.0 发布,引入了调色版标签和图层功能
1996 年	Photoshop 4.0 发布,增加了可调整的图层、可编辑类型
1998 年	Photoshop 5.0 发布,创造性地新增了多次撤销(历史面板)功能和色彩管理功能;其中 5.0.2 是第一个中文版本
1999 年	Photoshop 5.5 发布,与 ImageReady 同梱,增加了储存为网页用,吸取向量图像功能
2000 年	Photoshop 6.0 发布,更新用户界面,引入"溶解"滤镜、图层模式/混合图层
2002 年	Photoshop 7.0 发布,将文本全部矢量化,增加修复笔刷、新绘画引擎等功能

（续表）

年份	事件
2003 年	Photoshop CS（8.0）发布，支持相机 RAW 2.x、Highly modified "Slice Tool"、阴影/高光命令、颜色匹配命令等功能
2005—2012 年	Adobe 公司将 Photoshop 更名为 CS（Creative Suit），Photoshop CS 2～Photoshop CS6 陆续发布，强调软件套装的统一创作环境
2013—2019 年	Adobe 公司将 Photoshop 更名为 CC（Creative Cloud），Photoshop CC 2013～Photoshop CC 2019 陆续发布，强调云服务

6.2.2 Photoshop 的主要用途

Photoshop 是最优秀的图像处理软件之一，其应用非常广泛，不管是平面设计、绘画艺术、摄影后期、网页制作、数码合成、动画 CG，还是建筑后期等，它在很多行业都有着不可替代的作用。本节主要对 Photoshop 的应用领域进行简要介绍。

（1）平面设计。平面设计是 Photoshop 应用最为广泛的领域，无论是图书封面，还是招贴、海报，这些平面印刷品通常都需要 Photoshop 软件对图像进行处理。（图 6-17）

图 6-17　Photoshop 用于平面设计

（2）绘画艺术。Photoshop 强大的绘画功能为插画设计师提供了更广阔的创作空间，使他们可以随心所欲地对作品进行绘制、修改，从而创作出极具想象力的插画作品。（图 6-18）

图 6-18　Photoshop 用于绘画

（3）摄影后期。Photoshop 的图像编辑功能特别强大，所以它是摄影后期修图师钟爱的图像处理软件，常用于影楼中人像照片的后期精修。（图 6-19）

图 6-19　Photoshop 用于摄影后期修图

（4）网页制作。Photoshop 可用于设计和制作网页页面，将用 Photoshop 制作好的网页导入 Dreamweaver 中进行处理，再用 Flash 添加动画效果，便可生成互动的网页页面。（图 6-20）

图 6-20　Photoshop 用于网页制作

（5）特效合成。Photoshop 强大的图像合成编辑功能为艺术爱好者提供了无限的创作空间，可以让他们随心所欲地对图像进行处理、合成、制作特效等。（图 6-21）

图 6-21　Photoshop 用于特效合成

（6）动画 CG。动画模型贴图通常会用 Photoshop 制作，制作完成的人物皮肤贴图、场景贴图和各种质感的材质效果都相当逼真，此外，通过 Photoshop 也能对简单物体进行 3D 建模。（图 6-22）

图 6-22　用 Photoshop 制作动画 CG

（7）UI 设计。界面设计是一个新兴的领域，受到越来越多的软件企业及开发者的重视。当前还没有用于界面设计的霸主级软件，绝大多数设计者依然使用 Photoshop 进行创作。（图 6-23）

图 6-23　Photoshop 用于 UI 设计

6.2.3 Photoshop 的基本操作

虽然,Adobe Photoshop 的版本一直在持续更新升级,国外的最新版本已是 CC2019,但受到付费模式变革和软件使用习惯等因素影响,国内用户中,CS 系列版本的利用率依然更高,而且 CS 系列软件功能对绝大多数普通用户而言,已经足够强大。后续内容,我们选取最为经典实用的 Photoshop CS5 软件进行介绍。

考虑到软件功能强大、操作复杂,限于篇幅,本章只对 Photoshop CS5 的工作界面、文件操作、图层操作、选区操作、图像编辑等最基本、最常用的功能进行简述。对该软件更为详细的讲解,会在课堂学习中进一步开展。

1) 工作界面

当我们启动 Adobe Photoshop CS5 软件后,就会看到如图 6-24 所示的工作界面,主要组成部分有程序栏、菜单栏、选项栏、标题栏、文档窗口、快捷工具栏、状态栏和面板区等。软件整体布局遵循主流 UI 设计思路,熟悉微软操作系统应用软件的学习者,对 Photoshop 的页面布局不会感到突兀和不习惯。

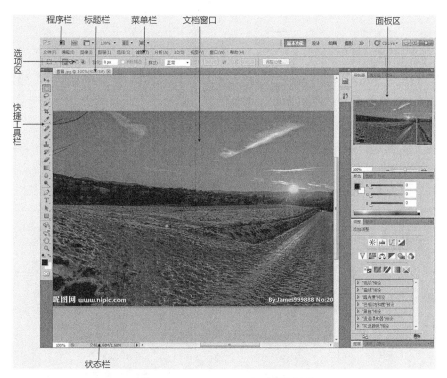

图 6-24　Photoshop CS5 界面布局

下面,我们简要介绍布局区几个部分的基本功能。

(1) 程序栏。当软件界面没有最大化时,程序栏位于页面最上方,独立占据一栏;当软件界面最大化时,程序栏将位于菜单栏的右侧。其主要作用是快速启动 Adobe Bridge、Mini Bridge,设置网格、参考线,调节文档窗口的显示比例或者多个文档的排列布局等,详见图 6-25 示例。

(2) 菜单栏。菜单栏是 Photoshop 功能最为强大的部分之一，CS5 版本的菜单栏主要包括 11 组主菜单，分别是文件、编辑、图像、图层、选择、滤镜、分析、3D、视图、窗口和帮助。如图 6-26 所示，每个主菜单还下设多个子菜单，鼠标点击各级菜单，可以打开下一级菜单，或者点选执行相应命令。

图 6-25　程序栏

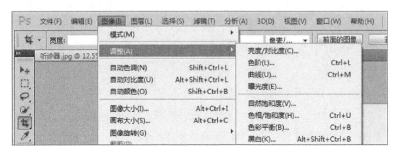

图 6-26　菜单栏

(3) 选项栏。选项栏主要与快捷工具栏配合使用，当我们点选某个快捷工具栏的工具后，利用上方选项栏设置工具的相应属性，详见图 6-26 示例。

(4) 标题栏。当我们在文档窗口中打开一个图像文件时，就会新建一个工作任务，这个工作任务的名称、图像显示比例、图像模式等基本信息会在任务的"标题栏"进行显示。

(5) 文档窗口。文档窗口是利用 Photoshop 主要的工作区域，用来打开、处理和实时浏览图像文件。如果只打开一个文件，则只会有一个文档窗口；如果打开多个文件，则会有多个文档窗口。多个文档窗口可以每次只显示一个，并通过菜单栏"窗口"进行选择；通过程序栏的文档窗口布局按钮调节，也可同时显示多个文档窗口，具体可参见图 6-27。

图 6-27　文档窗口布局

(6) 快捷工具栏。快捷工具栏集合了 Photoshop 处理图像的大部分快捷操作,所包含的工具大概可分为 9 类,分别是选择工具、裁剪与切片工具、吸管与测量工具、绘画工具、路径与矢量工具、3D 工具、导航工具、前景色/背景色设置工具和快速蒙版工具,如图 6-28 所示。单击鼠标左键,即可选取使用该工具,如果工具右下方有黑色小三角(▲),则代表该工具有二级子菜单,单击鼠标左键可以打开子菜单,选取使用具体工具,如图 6-29 所示。

• 选择工具:包括移动工具、选框工具、套索工具和快速选择工具,主要作用是建立选区,便于对图像进行局部处理。

• 裁剪与切片工具:包括裁剪工具、切片工具、切片选择工具等,主要作用是裁切图像画布大小,以及将图像分割为几个部分,用于网页制作和网络传输。

• 吸管与测量工具:包括吸管工具、颜色取样器工具、标尺工具、注释工具、计数工具等,主要作用是吸取图像中某处的颜色,设置前景色、背景色等,以及精确计量图像区域尺寸。

• 绘画工具:主要作用是利用修复画笔、绘画画笔、仿制图章等工具进行绘画操作,以及橡皮擦、渐变工具、加深减淡工具等对图像进行处理。

• 路径与矢量工具:主要作用是利用文字工具、钢笔工具等建立矢量图形。

• 3D 工具:主要作用是创建和编辑 3D 立体图像;3D 工具:主要作用是旋转图像,改变图像观察视角,但不对图像本身产生影响。

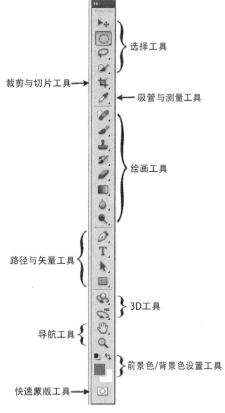

图 6-28 快捷工具栏类别

• 导航工具:主要包括抓手工具和放大镜,用于移动、缩小或放大图像可视区,方便对图像不同区域做精细处理。

• 前景色/背景色设置工具:主要配合吸管工具设置拾取的颜色,用于填充至图像所选区域中。

• 快速蒙版工具:主要作用是创建蒙版,建立可以用画笔进行调整的选区。

(7) 状态栏。状态栏位于工作界面的最底部,用于显示当前文档的一些基本信息,包括文档显示比例、大小、高/宽度、分辨率、测量比例等。单击状态栏中的三角形 ▶ 图标,可以设置相关的显示内容,如图 6-30 所示。

(8) 面板区。包括 3D、测量记录、导航器、动画、动作、段落、仿制源、工具预设、画笔、画笔预设、历史记录、路径、蒙版、色板、调整、通道、图层、图层复合、信息、颜色、样式、直方图、注释、字符、选项和工具等 26 个可用面板(如图 6-31 所示),这些面板的显示与否,通过"窗

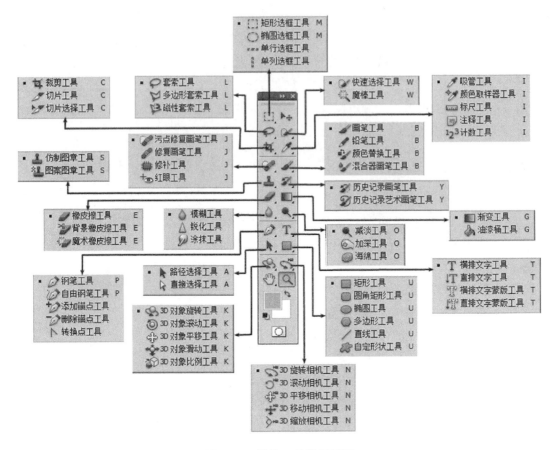

图 6-29　快捷工具栏展开图

口"菜单栏进行调整。当用鼠标点击窗口菜单栏,左键单击勾选某个面板后,就会在工作区打开该面板,通过点击面板方上方的 ◀◀ ▶▶ 图标,可以折叠和展开面板(如图 6-32 所示);点击面板右上角的 ✕ 图标,可以关闭面板。

　　Photoshop 工作区的右侧,是各种面板的停放区域,我们称之为"调停面板"。一般,面板是以"面板组"形式显示在工作界面中,例如默认模式下,颜色、色板、样式作为

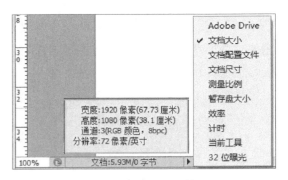

图 6-30　状态栏展开图

一组出现,调整和蒙版作为一组出现,图层、通道和路径作为一组出现。

　　我们可以用鼠标拖动,对已经打开的面板进行重新组合,也可以只把一个面板单独拉出来使用。每个面板的右上角,有个 ▼≡ 图标,单击鼠标左键可以打开该面板的命令菜单。

　　如果我们把面板的排列和组合弄乱了,想恢复默认组合模式,可以点击菜单栏"窗口"→"工作区"→"复位基本功能"来恢复。

第 6 章 图像处理

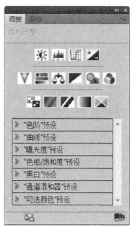

图 6-31　26 个面板工具　　　　　　　图 6-32　默认面板组合

2）文件操作

（1）文件操作

① 新建文件。通常，我们使用 Photoshop 进行图像处理，都是建立一个"画布"文件，在"画布"上叠放很多"层"（或者很多张图像），分别进行各种调整操作。这个画布可以理解为"叠放图像的基本框架"，其尺寸一般不小于其上叠放的图像尺寸。

新建一个画布，可以如图 6-33 所示，通过菜单栏"文件"→"新建"命令执行，也可在操作系统输入法为英文状态下，按键盘"Ctrl+N"快捷键新建画布。

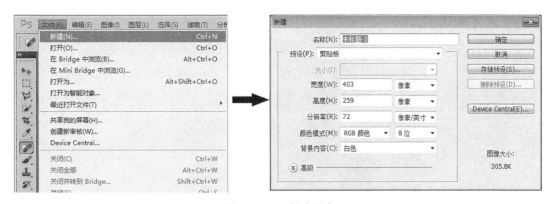

图 6-33　新建画布

新建画布时，如图 6-33 所示，需要在设定界面进行一些预设置（图 6-34）。

【名称】用于给新建的文件命名，在完成工作保存时，默认保存的文件名就是在这里输入的名称。

【预设】通过点选，预先设定文件的尺寸大小，有剪贴板、默认大小、标准纸张、自定义等选择。其中，"剪贴板"和"自定义"选项比较常用，例如我们经常会用键盘上的 PrintScreen 键截屏，然后新建画布时，默认的画布尺寸就是截屏屏幕图像的像素大小。

【宽度】设定新建画布的"横向"尺寸，点击 可以选择像素、英寸、厘米、毫米、点、派卡、

213

图 6-34　新建画布-预设

列等数值类型。

【高度】设定新建画布的"纵向"尺寸，同宽度框一样，也可选择各种数值类型进行设定。

【分辨率】设定新建画布的分辨率，点击 可以选择"像素/英寸"或者"像素/厘米"。

【颜色模式】设定新建画布的显示模式，点击 可以选择 RGB、CMYK、位图等等。

【背景内容】设定新建画布的背景层的颜色，也可以选择透明背景。

② 打开文件。通过执行菜单栏"文件→打开""文件→在 Bridge 中浏览""文件→在 mini-bridge 中浏览""文件→打开为""文件→打开为智能对象"等命令，都可以打开已经存储的图像文件，此时默认会新建一个画布，但不会看到新建画布的设定框。如图 6-33 所示，可以看到几个命令。

其中，打开普通的 JPG、PNG 等图像文件，我们常用"文件→打开"命令，此时软件不改变打开图像的格式；而"文件→打开为"命令(如图 6-35)，则可以将部分能够互相转化的文件格式在打开时进行转换，例如可以用此命令打开一个 PSD 文件的同时，将其转换为 PSB 文件。

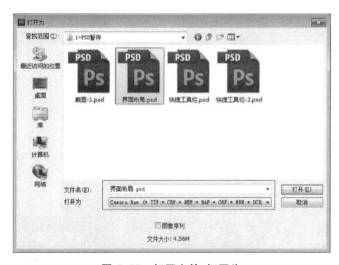

图 6-35　打开文件-打开为

打开文件时，我们也可以选择"文件→在 Bridge 中浏览"命令（图 6-36），这样，可以在 Adobe Bridge 中浏览相应图像，并进行打开。关于 Bridge，它是 Adobe Creative Suite 的控制中心，我们使用它来组织、浏览和寻找所需资源，用于创建供印刷、网站和移动设备使用的内容。Bridge 可以方便地访问本地 PSD、AI、INDD 和 Adobe PDF 等文件。Bridge 既可以独立使用，也可以从 Adobe Photoshop、Adobe Illustrator、Adobe InDesign 和 Adobe GoLive 中打开使用。

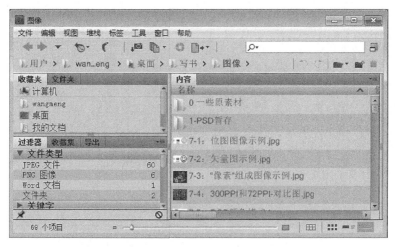

图 6-36　打开"文件-在 Bridge 中浏览"

③ 保存文件。通过执行菜单栏"文件→存储""文件→存储为""存储为 Web 和设备所用格式"等命令，可以保存我们的文件。其中，"文件→存储""文件→存储为"命令的内涵，跟其他任何微软程序软件一样，本节不再多说。

"存储为 Web 和设备所用格式"命令常用于生成网络传播的图像，通过这个命令存储图像，具有压缩率高、清晰度好的优点。

图 6-37　存储为 Web 和设备所用格式-1

在如图 6-37 所示窗口选项中,通过点击图标 ,可以选择文件保存的格式;点击图标 品质:,可以通过数值形式设置将要保存文件的质量,其中 0～29 为低质量、30～59 为中质量、60～79 为高质量、80～99 为非常高质量、100 为最佳。通过图 6-38,可以实时观察我们所存储图片的体积大小,这一点在我们处理限定大小图片时非常实用。

```
JPEG                                    80 品质
344.5K
63 秒 @ 56.6 Kbps
```

图 6-38　存储为 Web 和设备所用格式-2

④ 关闭文件。通过执行菜单栏"文件→关闭""文件→关闭全部""文件→关闭并转到 Bridge"等命令(见图 6-39),可以关闭当前的文件。其中"文件→关闭"命令只会关闭当前激活窗口的文件,"文件→关闭

```
关闭(C)              Ctrl+W
关闭全部             Alt+Ctrl+W
关闭并转到 Bridge... Shift+Ctrl+W
```

图 6-39　关闭文件

全部"命令则会关闭目前所有打开状态的文件。也可以直接点击文档标签上的 ✕ 按钮,直接关闭文档。如果有文件未执行过保存命令,关闭文件会同时激活保存命令,先保存,才会最终执行关闭命令。

(2) 小练习

① 点击菜单栏"文件→新建"命令,创建一个名称为"我的练习"的画布,其宽度为 1 300 像素,高度为 900 像素,分辨率为 72ppi,颜色模式为 RGB(8 位),背景内容为白色。

② 按键盘上的"Ctrl+Shift+S"组合键,保存文件到 D:\,文件名称默认不变,格式为 PSD 文件。

③ 点击文档标签栏上的 ✕ 按钮,关闭文档。

④ 按键盘上的"Ctrl+O"组合键,定位到 D:\,打开"我的练习.psd"文件。

⑤ 点击菜单栏"文件→关闭"命令,关闭文档。

3) 图层操作

(1) 图层操作

① 理解图层。Adobe 公司对图层的官方描述为"图层就如同堆叠在一起的透明纸。您可以透过图层的透明区域看到下面的图层。可以移动图层来定位图层上的内容,就像在堆栈中滑动透明纸一样。也可以更改图层的不透明度以使内容部分透明。"

通过这一描述,我们可以理解图层,就好比是"一张张透明纸或透明玻璃板",按顺序上下叠放在一起。我们在做图像处理时,将需要的文字、图像、图形、表格、插件等元素分门别类地放到不同图层上,互相叠加,共同组合起来形成页面效果。如图 6-40(b)所示,我们将两个小圆圈、一个竖向椭圆和另一个更大的竖向椭圆分别放在 3 个图层上,互相叠加,就形成了简单的人脸效果。

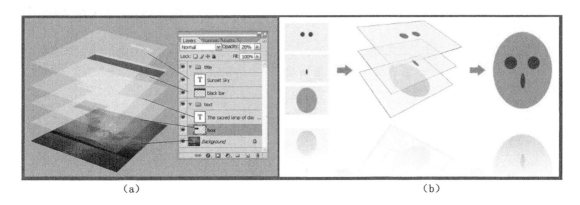

图 6-40　图层内涵示意

"图层"是 Photoshop 处理图像的核心逻辑之一,分图层处理各项要素,在实际工作中,既方便分类管理,又可以使元素相对独立,彼此互相影响变小,避免许多不必要的麻烦。

② 图层面板:图层面板用于创建、编辑和管理图层,主要功能包括新建图层、新建图层组、新建调整图层、新建图层蒙版、设置图层当前混合选项、删除图层、锁定图层、调整图层顺序、更改图层名称、调节图层显示与否、设置图层叠加模式、设置图层不透明度等等,具体按钮功能详见图 6-41。

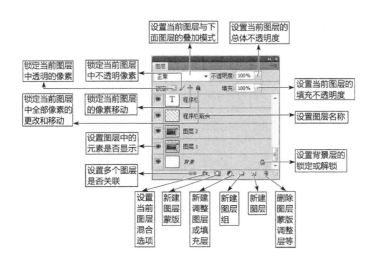

图 6-41　图层面板功能图

通过菜单栏"窗口",点选图层按键,可以打开或者关闭图层面板。

③ 图层属性。图层具有一些基本属性,主要包括类别、名称和顺序。

a. 类别。Photoshop CS5 中,可以放置各种类型元素的图层主要有 15 种。

• 背景图层:新建文档时默认创建的图层,位于图层面板的最底层,作为图像的"背景"存在,一般处于锁定状态,其名称是斜体字。

• 普通图层：最常用的图层，主要用于存放图像文件。
• 文字图层：创建和编辑文字，文字图层中的内容是矢量图形。
• 图层蒙版图层：添加了蒙版的普通图层，用于控制图像的显示和隐藏。
• 矢量蒙版图层：带有矢量形状的蒙版图层。
• 剪贴蒙版图层：蒙版中的一种，可以使用一个图层中的图像来控制它上面多个图层内容的显示范围，常用于创建剪贴画等特殊效果。
• 中性色图层：填充了中性色的特殊图层，结合特定的混合模式可以用来承载滤镜，或在上面绘画。
• 调整图层：可以调整下方图层的亮度、对比度、色阶、曲线等等，这种调整可以动态、反复地进行，删除调整图层后，显示效果会全部复原，并不影响下方图层的实际样貌。
• 样式图层：可以调整下方图层混合选项的特殊图层，例如给下方图层设置投影、内阴影、内发光、外发光、斜面和浮雕等等。
• 智能对象图层：包含有智能对象的图层。
• 链接图层：链接在一起，保持链接状态，互相关联的一些图层。
• 3D图层：包含置入的3D文件的图层。
• 视频图层：包含有视频文件帧的图层。
• 图层组：多个图层组合到一起，方便管理。

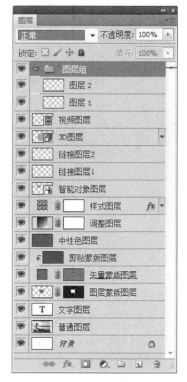

图6-42　图层属性

b. 名称。每个图层都有独立名称，显示在缩略图右侧。在进行图像处理时，我们一般根据图层所承载的元素类别，对其进行具体命名，以便后期的管理和修改有良好参照。

c. 顺序。图层具有叠放顺序，在正常模式下，上面图层的图像会遮盖下方图层的图像。图层叠放顺序可以调整，上下图层间可以设置许多叠加效果。移动或者调整一个图层上的元素，一般不会对其他图层上的元素产生影响。

④ 基本操作。图层的基本操作，包括新建图层、命名图层、调整顺序、复制图层、删除图层、合并图层、显示和隐藏图层、链接图层等。

a. 新建图层。图层有多种类别，不同类别的图层有不同新建方法。可以通过图层面板的各种快捷按键 新建常用图层，也可以通过菜单栏"图层"命令创建更多的图层。新创建的图层，位于当前所选图层的上方。

b. 命名图层。通过鼠标双击图层缩略图右侧的文字，进入名称修改模式。

c. 调整顺序。通过鼠标点选要调整位置的图层，按住左键并拖动，鼠标会变成握拳抓手状,将图层移动到相应位置,松开左键即可调整叠放顺序。

d. 复制图层。通过鼠标点选要复制的图层,按住左键并拖动到图层面板右下角 图标上,即可复制图层。

e. 删除图层。通过鼠标点选要删除的图层,按住左键并拖动到图层面板右下角 标上,即可删除图层。或者点选图层后,直接点击 也可以删除图层。

f. 合并图层。有时,我们想要将多个图层上的元素合并到一张图层上显示和处理,可以按住键盘上的 Ctrl 键,分别点选想要合并的图层,让多个图层处于同时被选定状态,然后点击图层面板右上角 图标(或者直接点击菜单栏上的"图层"),打开图层操作界面,选择"合并图层",即可完成操作。

g. 显示和隐藏图层。直接点击图层缩略图左侧的小眼睛 ,即可显示或隐藏图层。

h. 链接图层。有时我们想要同时对多个图层上的元素执行统一操作(例如同时移动),就需要将多个图层进行链接,可以按住键盘上的 Ctrl 键,分别点选想要合并的图层,让多个图层处于同时被选定状态,然后点击图层面板下方的 图标,即可完成操作。

(2) 小练习

① 按键盘上的组合键"Ctrl+O",选择上一节新建的"我的练习.psd"文件,打开文件。

② 在图层面板上,点击右下角 ,新建一个普通图层,双击图层默认名称,改名为"普通图层1"。

③ 点击菜单栏"图层→新建→新建图层",在打开的对话框中将名称改为"普通图层2",其他参数用默认值。

④ 在图层面板上,鼠标左键点击拖动"普通图层2"到 按钮上松开,得到复制图层,并将其改名为"普通图层3"。

⑤ 点选"普通图层3",点击菜单栏"图层→复制图层",在打开的对话框中将名称命名为"普通图层4"。

⑥ 点选"普通图层4",点击 按钮,选择"投影",给普通图层4添加混合选项。

⑦ 点选"普通图层4",点击 按钮,给普通图层4添加蒙版。

⑧ 点选"普通图层4",点击 按钮,选择"亮度对比度",新建"亮度/对比度"图层。

⑨ 点选"普通图层4",点击 按钮,新建图层组,双击文字,将其改为"图层组1",鼠标左键点选拖动"亮度/对比度"图层、"普通图层4"图层到"图层组1"上,松开,两个图层移动到图层组1中。

⑩ 按住 Ctrl 键,分别点选"普通图层1"和"普通图层2",执行菜单栏"图层→合并图层"命令。

⑪ 鼠标点选拖动"普通图层3"到 图标上,删除该图层。

⑫ 双击背景图层,将其变为普通图层,并将名称改为"普通图层0"。

⑬ 点击"普通图层 0"左侧的小眼睛,观察效果。

⑭ 点击"普通图层 0",执行菜单栏"图层→新建→背景图层"命令,将该图层重新变为背景图层。

⑮ 按住 Ctrl 键,分别点选"图层组 1"和"普通图层 2",点击 🗑 图标,删除背景图层之外的所有图层后,按键盘上的"Ctrl+S"组合键保存文档。

⑯ 点击菜单栏"文件→关闭"命令,关闭文档。

4) 图像编辑

(1) 选区简介

顾名思义,即当前图像中我们所选定的一处区域。其目的是为了能够在图像处理中,按照我们的意愿,单独对"选定的区域"进行修改,产生效果,而不影响其他区域。例如,我们要更换图 6-43 中微信图标的 4 个小眼睛颜色,就需要先将眼睛区域选出来,单独对选区填充颜色,而不影响其他区域。

此外,我们也经常利用选区,将我们需要的图像内容进行"提取",再拼合成新的图像。例如图 6-44,我们想要将 QQ 的图标与白色背景分离,再将 QQ 钱包的圆形区域与蓝色背景分离,最后将提取出来的图像进行拼合,就需要分别对两个区域做"选区",再提取图片进行拼合。

图 6-43 选区功能示例-1

图 6-44 选区功能示例-2

通常,Photoshop 建立选区的途径主要有 3 类,一是通过选区快捷工具,主要有选框工具 ⬚ 、套索工具 🔾 和魔棒工具 ✦ ;二是形状快捷工具,主要有钢笔工具 ✎ 、形状工具 ▭ ;三是通道,可以通过"窗口→通道"面板管理通道,不同颜色模式,通道面板中通道也不一样,例如 RGB 颜色模式的图像,就包含 4 个通道,分别是红色通道、绿色通道、蓝色通道和混合通道(见图 6-45)。

图 6-45 通道面板-RGB 模式

每一类方法建立选区,操作方式都不同,又涉及各类属性设定和概念理解,限于篇幅本

第6章 图像处理

章只介绍最基础知识的定位,不再详细介绍每一类选区的创建方式,只以一个简单卡通图像的制作为例,熟悉一下选区的创建和操作方法,其他方法课堂教学中再进行讲解。

- 新建画布:新建一个标题为"卡通图像",尺寸为 800px×600px 的画布,分辨率为 72ppi,白色背景(见图6-46)。

图6-46 卡通图像制作-1

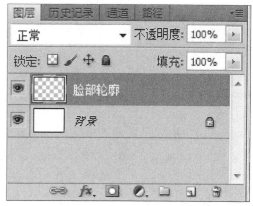

图6-47 卡通图像制作-2

- 新建图层:在图层面板中新建一个透明图层,命名为"脸部轮廓"(见图6-47)。
- 构建脸部轮廓:鼠标点击选择"脸部轮廓"图层,用"选框工具→椭圆选框工具",在画布上拖动鼠标,绘制一个椭圆选区(按住 Shift 键,拖动鼠标可以绘制正圆)(见图6-48);如果选区绘制得不合心意,可以按"Ctrl+D"组合键取消选区。如果要移动选区,可在选区创建工具激活状态下,将鼠标移动到选区内部,点按鼠标拖动即可。也可用键盘光标键精细移动选区。
- 构建耳朵形状:点选上方选项栏中的"添加到选区"图标,再用"椭圆选框工具"画出脸部轮廓的两只耳朵(见图6-49),注意,画选区的同时可以按住空格键,同时移动选区。

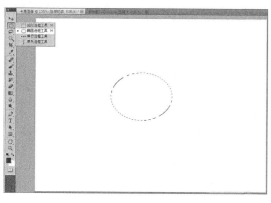

图6-48 卡通图像制作-3

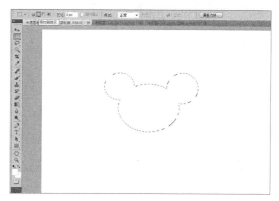

图6-49 卡通图像制作-4

- 为脸部涂色:点选前景色/背景色设置工具,将前景色设置为灰黑色(RGB 可为 60,60,60),按键盘上的组合键"Alt+Delete",将选区的颜色涂为灰黑色,注意是涂在"脸部轮廓"图层上(见图6-50)。

图 6-50　卡通图像制作-5　　　　　　　图 6-51　卡通图像制作-6

- 存储选区:执行菜单栏"选择→存储选区"命令,将选区存储为新通道,名称为"脸部轮廓"(方便后期再调整脸部),见图 6-51。
- 制作面色区域:在图层面板新建"面色"图层,利用"椭圆选框工具",配合选项栏的"新增到选区",画出图 6-52 所示的选区形状。具体方法是:对照黑色面部轮廓的大小,先画一个竖向的椭圆,再画另一个竖向同样尺寸的椭圆,注意画的时候要与第一个椭圆相交;然后画一个横向扁的大椭圆,同样与前面的选区从下方相交;最后用一个小的横向椭圆交叠出嘴部形状。总共 4 个椭圆,画出面色轮廓。

之后,将前景色设置为粉红色(RGB 值为 255,207,207),按键盘上的组合键"Alt+Delete",将粉色填充到"面色"图层的选区上。

执行菜单栏"编辑→描边"命令,宽度为 2px,居中,颜色设置为耳朵处的灰黑色(RGB 值为 60,60,60)。

最后执行菜单栏"选择→存储选区"命令,将选区存储为新通道,名称为"脸色轮廓",结果如图 6-53 所示。

 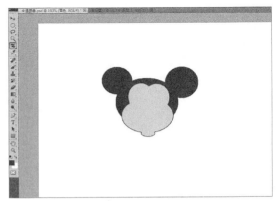

图 6-52　卡通图像制作-7　　　　　　　图 6-53　卡通图像制作-8

- 制作左右眼框:在"面色"图层上方新建透明图层,命名为"左眼眶",用"椭圆选框工具",对照面色区域大小,画一个竖向眼睛选区,在"左眼眶"图层上执行菜单栏"编辑→描边"命令,宽度为 2px,居中,颜色设置为耳朵处的灰黑色(RGB 值为 60,60,60),得到图

6-54。存储并命名选区。

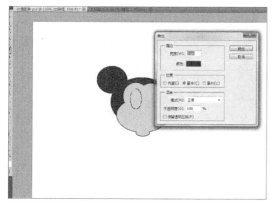

图 6-54　卡通图像制作-9

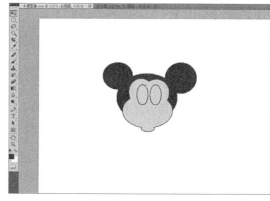

图 6-55　卡通图像制作-10

在图层面板中，鼠标点按"左眼眶"图层拖动到面板下方"新建图层"按钮上，复制一个图层出来，命名为"右眼眶"，切换到快捷面板的移动工具，将右眼眶向右移动开合适距离，得到图 6-55。存储并命名选区。

• 制作左右眼珠：在"右眼眶"图层上方新建透明图层，命名为"左眼珠"，用"椭圆选框工具"，对照眼眶区域大小，画一个竖向眼珠选区；执行菜单栏"选择→变换选区"命令，对选区进行轻微顺时针旋转并按"Ctrl＋Enter"组合键确定；将前景色设置为灰黑色（RGB 值为 60，60，60），在"左眼珠"图层上，按"Alt＋Delete"组合键，将选区的颜色涂为灰黑色。存储并命名选区。

图 6-56　卡通图像制作-11

图 6-57　卡通图像制作-12

在图层面板中，用鼠标点按"左眼珠"图层拖动到面板下方"新建图层"按钮上，复制一个图层出来，命名为"右眼珠"，切换到快捷面板的移动工具，将右眼珠向右移动开合适距离，按"Ctrl＋T"组合键，变换右眼珠形状，稍稍顺时针转动一点点并按"Ctrl＋Enter"组合键确定，得到图 6-57。存储并命名选区。

• 制作左右眼白：在"右眼珠"图层上方新建透明图层，命名为"左眼白"，用"椭圆选框工具"，对照眼珠区域大小，画一个竖向眼白选区；将前景色设置为白色（RGB 值为 250，250，250），在"左眼白"图层上，按"Alt＋Delete"组合键，将选区的颜色涂为白色。存储并命名选区。

与前面步骤一样,复制"左眼白"图层,命名为"右眼白",移动位置,得到图 6-58。存储并命名选区。

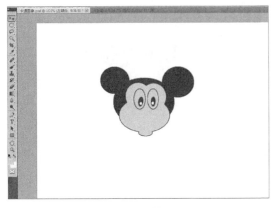

图 6-58　卡通图像制作-13

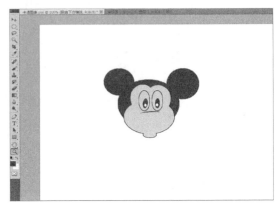

图 6-59　卡通图像制作-14

• 制作眼睛下方横线:在"右眼白"图层上方,新建图层,命名为"鼻子下方横线",利用"椭圆选框工具",配合选项栏"从选区减去"设置,用两个椭圆相减,制作一个上玄月的弧形,再执行菜单栏"选择→变换选区"命令,激活变换选区的句柄后,鼠标右键单击,选择扭曲,对弧形进行适度变换,得到合适的选区后按"Ctrl+Enter"组合键确定,将选区涂为灰黑色,得到图 6-59。存储并命名选区。

• 制作鼻子:在"鼻子下方横线"图层上方,新建图层,命名为"鼻子",利用"椭圆选框工具"画一个扁的椭圆形状,执行菜单栏"选择→变换选区"命令,打开操作句柄后,右键单击,选择变形,操作句柄制作一个不规则的鼻子形状并按"Ctrl+Enter"组合键确定,在当前图层上涂灰黑色,然后将鼻子形状的选区再次执行"选择→变换选区"命令,按住 Shift 键,操作句柄缩小选区并确认,将选区移动到黑色区域靠下合适位置,涂白色,得到图 6-60。存储并命名选区。

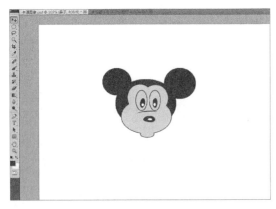

图 6-60　卡通图像制作-15

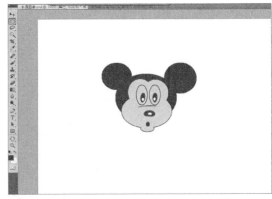

图 6-61　卡通图像制作-16

• 制作嘴巴:在"鼻子"图层上方,新建图层,命名为"嘴巴",用"椭圆选框工具"画一个小小的竖向椭圆,并涂抹灰黑色,得到图 6-61。存储并命名选区。

• **修改完善**：利用前期存储的选区，对作品进行再次修改，直到效果满意（见图6-62）。

注意事项：一是想要用鼠标移动选区，必须激活选区创建工具，且将上方选项栏设置为"新建选区"，在"增加到选区""从选区减去"等模式下，无法用鼠标移动选区；二是要区分变换选区和变换图像两个概念，在创建选区后，执行菜单栏"选择→变换选区"，出现的操作句柄是用来改变选区形状，但不改变图像像素；如果按"Ctrl+T"组合键，将同时变换选区和图像，两种变换，都通过按"Ctrl+Enter"组合键确认；三是喷涂颜色，一定要确保图层选择正确，否则会将色彩放入不应该放置的图层；四是每一步创建选区后，都要进行存储，以便后期不满意，再次调用后修改。

（2）图像尺寸

前面讲过，图像尺寸是指一幅图像的横向像素数量和纵向像素数量，例如一幅图像尺寸是800px×600px，即横向有800个像素点，纵向有600个像素点。日常工作和生活中，我们常需要查看和更改图像的尺寸，通过Photoshop可以轻松做到。

图6-62　卡通图像制作-17

查看图像的像素值，Photoshop有多种方法，下面介绍两种方法。

方法一：通过工作区下方的"状态栏"查看尺寸信息。我们打开一幅图像，点击"状态栏"的黑色小三角▶，选择"文档尺寸"，再点击左侧的数据区 182.88 厘米 x 121.92 厘米 (72... ，即可查看到图像的像素值、分辨率等信息，如图6-63示例。

图6-63　图像尺寸-1

方法二：通过菜单栏"图像→图像大小"命令查看图像尺寸信息。此命令打开的操作窗口不仅可以查看尺寸信息，还可以修改尺寸信息。如图6-64所示，共有3个部分属性设置：

一是像素大小。通过点击黑色三角，可以选择按像素数量或者百分比来查看或调整图像的宽高尺寸。此处设置的数字，仅代表电子图像的像素数量，不是印刷时的尺寸。

二是文档大小。通过点击黑色三角，可以选择按百分比、英寸、厘米、毫米、点、派卡、列等单位来查看或设置整个文档的宽高大小和分辨率。此处设置的宽高大小，是文档印刷时的宽高尺寸，改变设置，都将影响"像素大小"部分的数值。例如，一张图像原始尺寸是800px×600px，我们在文档大小区域将分辨率提高一倍，其他不改动，那么"像素大小"区域的数值将变为1600px×1200px。

三是其他属性。包括缩放样式，在给图像增加描边、阴影、发光、浮雕等特殊效果样式后，此选项用于设置这些特殊效果是否也随着调整图像尺寸变化而变化；约束比例，用于设置图像的宽高尺寸改变时，是否等比例缩放；重定图像像素，用于设置图像的像素数量，是否受分辨率和文档尺寸的影响。

图6-64　图像尺寸-2

（3）图像裁切

作图中，常面临要提取图像一部分内容的需求。例如，图6-63中，希望将右侧的狗狗照片"裁切"下来单独使用，抛弃左侧无用部分用Photoshop实现方法有多种，其中最方便的是利用快捷工具栏的"裁切"工具。

鼠标点选裁切工具后，点按左键，将图像中想要裁切的区域框选（通常从左上到右下框选）出来，会看到6个操作句柄和1个中心点设置，分别用于修改拟裁切区域的大小和旋转，调整好裁切区域后，双击鼠标即可确认裁切，按Esc键可以取消裁切。裁切形状的具体数值，还可以通过上方属性选项进行设置，注意，宽度和高度框中的数值，如果想要按像素来设定，需要在数字后面加px，例如800px，如果不加则默认为厘米，具体如图6-65所示。

第 6 章　图像处理

图 6-65　图像裁切属性设置

使用裁切工具对图像进行裁切的界面和效果如图 6-66 所示。

图 6-66　图像裁切效果变化

（4）图像变换

有时需要对图像进行旋转、缩放、扭曲等操作。一般分两种情况：有选区时，对当前激活图层所做选区内像素进行变换；无选区时，对当前图层全部像素进行操作。

有选区时：按"Ctrl+T"组合键，打开选区内像素变换界面，同样如上文所述，会有 9 个操作句柄（8 个缩放句柄，1 个中心点设置句柄），用于进行缩放、旋转控制。此外，当我们在变换区上方鼠标右击，会打开自由变换、斜切、扭曲、变形、按角度数值旋转等更多方式，选择后即可灵活变换。具体效果如图 6-67、图 6-68 所示。

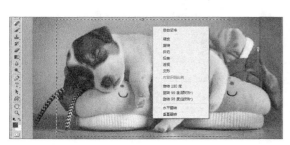

图 6-67　图像变换-1

图 6-68　图像变换-2

无选区时：可以执行菜单栏"图像→图像旋转"，对整幅图像进行按度数旋转、水平翻转、垂直翻转等操作。但要注意，通过此命令对图像进行变换，其作用范围包括当前文档的所有图层，而不只是当前图层；而建立选区后，按"Ctrl+T"组合键进行的变换，则是只对当前图层生效，其他图层不受影响。具体效果如图 6-69、图 6-70 所示。

图 6-69　图像变换-3

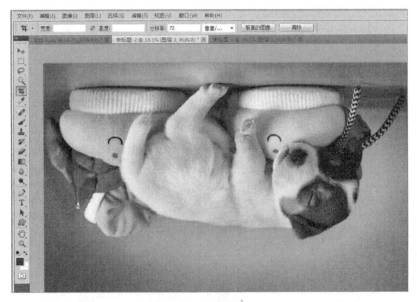

图 6-70　图像变换-4

（5）图像模式

在图像处理基础知识中已经讲述了电子图像的颜色模式。我们可以在 Photoshop 中方便地调节图像的颜色模式，具体方法是：执行菜单栏"图像→模式"，即可对图像颜色模式进行更改。同一幅图像，不同颜色模式的显示质量会有差别，反复变换颜色模式，也会对图像信息进行破坏。

图 6-71 颜色模式更改

（6）画布调整

实际合成图像时，常常会需要将整幅画布的尺寸进行更改，以容纳更多图像。例如我们希望将图 6-72 的右侧进行加长，从而将现在的图片跟另一幅图片进行对照，就可以执行菜单栏"图像→画布大小"命令，对画布的大小进行更改。

打开调节窗口，主要 3 个设置区域：上方显示当前画布的原始尺寸；中间设置新建后画布尺寸，其中宽度、高度右侧选项可以设置百分比、像素、厘米、毫米等修改单位，勾选"相对"单选按钮后，新建画布尺寸是

图 6-72 原始图像

上方输入数值加原始尺寸数值，如不勾选，则新建画布尺寸就是上方输入的数值；定位区域则决定了宽度、高度增加的具体方向和方式。

Photoshop 是一个功能强大的软件，操作复杂，内容繁多。本章仅是介绍该软件的功能用途、界面布局、文件操作、选区和图层等最常见、最基本内容，我们无法在一章中完成 Photoshop 所有知识的讲解，后续绘画修饰类色彩调整、文字画笔、图章图形、蒙版滤镜等等，在课堂学习中会进行讲述。

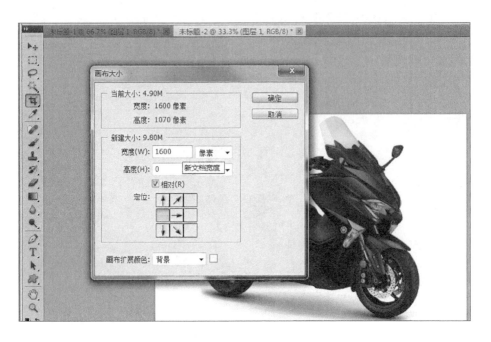

图 6-73 修改画布尺寸

图 6-74 修改画布尺寸后增加图像对比

第 7 章

计算机网络基础

随着计算机和互联网技术的发展,计算机网络正在全面改变着人们的生产和生活方式。因特网作为计算机网络的一个成功案例,是 20 世纪最伟大的发明之一,其覆盖范围几乎涵盖了社会应用的各个领域。本章主要介绍计算机网络的基本概念、因特网基础以及一些简单的因特网应用。

7.1 计算机网络的基本概念

7.1.1 计算机网络与数据通信

计算机网络是指将位于不同地理位置的,具有独立功能的多个计算机系统,通过通信设备和通信链路连接起来,实现信息传递和资源共享的计算机系统。

数据通信是通信技术和计算机技术相结合而产生的一种新的通信方式,是指在两个计算机或终端之间以二进制的形式进行信息交换和数据传输。在数据通信领域,有几个常用术语:

1) 信道

信道是信号传输的媒介,将带有信息的信号从输入端传递到输出端。根据传输媒介的差异,信道可以分为有线信道和无线信道两类。常见的有线信道包括双绞线、同轴电缆、光纤等;无线信道包括短波、超短波、人造卫星信道等。

2) 数字信号和模拟信号

信号是数据的表现形式,可以分为模拟信号和数字信号。模拟信号表现为连续变化的信号,如电流、电压等取值是连续的。而数字信号表现为离散的脉冲序列,如计算机产生的信号用两种不同的电平 0 和 1 表示。

3) 调制与解调

在发送端,需要将数字脉冲信号转换为模拟信号,以便于在信道上传输,这个操作叫做调制。而解调是调制的反操作,在接收端将收到的模拟信号转换为数字脉冲信号。将调制和解调功能结合在一起的设备称为调制解调器。

4) 带宽与传输速率

在模拟信道中,用带宽表示信道传输信息的能力,带宽是信号的最高频率和最低频率的差值。在数字信道中,用数据传输速率(比特率)表示信道的传输能力,即每秒钟传输的二进制位数,单位为 b/s。在计算机网络中,带宽与速率基本上不做区分,都表示信道的数据传输能力。

5) 误码率

数据在通信信道传输中会因某些原因发生错误,误码率是用来衡量通信系统可靠性的指标,是指二进制比特在数据传输系统中被传错的概率。传输错误是不可避免的,但是一定要控制在某个允许的范围内。在计算机网络中,一般要求误码率低于 10^{-6} 。

7.1.2 计算机网络的发展

计算机网络自诞生之日起,就以惊人的速度在不断发展。其发展过程大致可以分为四个阶段。

第一阶段:面向终端的具有通信功能的单机系统。

第一阶段处于 20 世纪五六十年代,那时计算机数量稀少,价格昂贵,由此产生了以单主机互联系统为中心的互联系统。人们通过数据通信系统将地理位置分散的多个终端通过通信线路连接到一台中心计算机上,由中心计算机处理不同终端的数据。这种主机-终端系统的结构并未形成真正意义上的网络,但为计算机网络的产生奠定了基础。

第二阶段:基于分组交换技术的计算机网络。

第二阶段始于美国的 ARPANET 与分组交换技术。ARPANET 是计算机技术发展的里程碑,它采用分组交换机制,通过通信链路,将美国几所大学的计算机连接起来,实现了相互之间的资源共享。ARPANET 作为早期的骨干网,较好地解决了网络互联的一系列理论和技术问题,奠定了因特网发展的基础。

第三阶段:开放式和标准化的计算机网络。

第三阶段从 20 世纪 70 年代开始,计算机网络的发展速度加快,各大公司开始推出自己设计开发的网络体系结构及相关软硬件产品。但由于各公司遵循的标准不同,不同厂商生产的产品很难实现互联互通。因此,网络体系结构与网络协议的标准化工作就显得尤其重要。国际标准化组织提出了著名的 ISO/OSI 参考模型,几乎与此同时,TCP/IP 协议也诞生了。OSI 体系结构和 TCP/IP 协议成为国际网络通用体系结构的核心,从而建立起了一个开放的、标准化的计算机网络。

第四阶段:因特网的广泛应用和高速网络技术的发展。

第四阶段从 20 世纪 90 年代开始,随着信息时代全面到来,计算机网络开始朝着综合化、高速化全方位发展。大数据、云计算、物联网、移动通信技术的快速发展,为用户提供了更丰富、更便利的服务。

7.1.3 计算机网络的分类

计算机网络按照不同的分类标准,可以分为不同的类型。根据网络覆盖的地理范围的大小,可以将计算机网络分为局域网、城域网和广域网三类。

1) 局域网

局域网是在有限区域内使用的网络,其覆盖范围为几十米到几公里,一般不超过 10 公里。局域网具有传输速率高、误码率低、成本低、易组网、易管理、易维护、使用灵活方便等优点,一般用于一个部门或一个单位组建的网络。

2) 城域网

城域网是城市范围内的计算机网络,覆盖范围一般在几公里至几十公里。城域网将一个城市内的多个局域网连接起来,实现大量用户之间的信息互通、资源共享。

3) 广域网

广域网的覆盖范围更广,一般在几十公里到几千公里,用于城市甚至国家之间的局域网或城域网互联。广域网的数据传输速率较低,安全保密性也较差。

7.1.4 网络拓扑结构

网络拓扑结构是指网络中计算机的连接方式。常见的网络拓扑结构有星型、环型、树型、网型、总线型几种,见图 7-1。

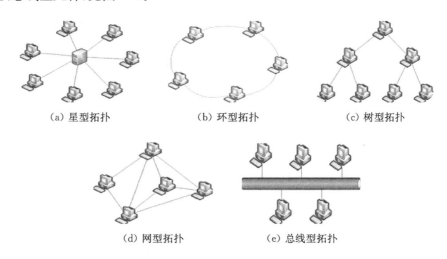

图 7-1 网络拓扑结构

1) 星型拓扑结构

星型拓扑结构如图 7-1(a)所示。在星型拓扑中,每个计算机与中心计算机连接,中心计算机负责全网的通信,任何两个计算机之间的通信必须经过中心计算机。在这种拓扑结构下,对中心计算机进行合理的配置和管理,能够提高网络传输效率及安全性,但中心计算机一旦出现故障,整个网络都将无法连通。

2) 环型拓扑结构

环型拓扑结构如图 7-1(b)所示。在环型拓扑结构中,各个计算机首尾相连,形成一个环。环中的数据沿着一个方向顺次流动,由目的计算机接收。环型拓扑结构简单,成本低,但是环中任意一个计算机的故障都可能造成网络瘫痪。

3) 树型拓扑结构

树型拓扑结构如图 7-1(c)所示,从结构上看,就如同一棵倒置的树。顶端是树根,树根以下带分支,每个分支还可以再带分支。在树型拓扑结构中,树中节点对根节点的依赖性很强,如果根节点设备发生故障,整个网络将无法连通。

4) 网型拓扑结构

网型拓扑结构如图 7-1(d)所示。在网型拓扑中,计算机之间的连接是任意的,没有规律,可靠性比较高。但是由于结构复杂,必须采用路由协议、流量控制等方法,一般用于广域网中。

5）总线型拓扑结构

总线型拓扑结构如图 7-1(e)所示。总线型拓扑中，所有计算机连接在一根总线上。总线结构所需要的电缆数量少，线缆长度短，易于布线和维护。多个计算机共用一条传输信道，一次只能有一台计算机传输。

7.1.5 网络硬件

计算机网络系统由网络硬件和网络软件两部分组成。本小节主要介绍计算机网络中的硬件。

1）网络服务器

网络服务器是网络的核心，是被网络用户访问的计算机系统，提供网络用户使用的各种资源，并对这些资源进行管理，协调网络用户对资源的访问。

2）传输介质

传输介质是指在网络中传输信息的载体。网络中常用的传输介质包括双绞线、同轴电缆、光缆以及微波等。

3）网络接口卡

网络接口卡是构成网络必须的基本设备，用于将计算机和通信电缆连接起来，以便经电缆在计算机之间进行高速数据传输。

4）集线器

集线器可以看成是多端口的中继器，基于共享工作模式，其带宽由端口平均分配。

5）交换机

交换机是交换式局域网的核心设备，也称为交换式集线器。与共享式工作模式不同，交换机支持端口连接的计算机之间的多个并发连接，从而增大网络带宽，改善局域网的性能和服务质量。

6）路由器

路由器是实现局域网与广域网互联的主要设备。路由器检测数据的目的地址、对路径进行动态分配，根据不同的地址将数据分流到不同的路径中。如果存在多条路径，还可以根据路径的工作状态和忙闲情况，选择一条合适的路径，动态平衡通信负载。

7.1.6 网络软件

网络是一个大而复杂的系统，为了降低网络设计的复杂性，绝大多数网络都通过划分层次来降低设计和维护网络的难度。在分层结构中，网络中的每一层都在其下一层提供服务的基础上完成本层的功能，并向其上一层提供服务。按照 TCP/IP 参考模型，计算机网络自上而下可以划分为以下四个层次：

1）应用层

应用层负责处理特定的应用程序数据，为应用软件提供网络接口。常见的应用层协议包括超文本传输协议 HTTP、远程登录协议 Telnet、文件传输协议 FTP 等。

2）传输层

传输层为两台主机间的进程提供端到端的通信。主要的协议有传输控制协议 FTP 和用户数据报协议 UDP。

3）互联层

互联层确定数据包从源端到目的端如何选择路由。互联层主要的协议有网际协议版本 IPv4、网际控制报文协议 ICMP 以及网际协议版本 IPv6 等。

4）主机至网络层

主机至网络层规定了数据包从一个设备的网络层传输到另一个设备的网络层的方法。

7.2 因特网基础

因特网，即 Internet，是一个全球范围的信息资源网，始于 1968 年美国国防部高级研究计划署提出并自主开发的 ARPANET 网络计划，目的是将各地不同的主机以一种对等的通信方式连接起来。起初只有 4 台主机，随着大量的主机、网络与用户的接入，这个网络逐步扩展到其他国家和地区。在 ARPANET 发展过程中，提出了 TCP/IP 协议，为 Internet 的发展奠定了基础。

因特网是通过路由器将世界不同地区、规模大小不一、类型不一的网络互相连接起来的网络，是一个全球性的计算机互联网络，因此也称为"国际互联网"，是一个信息资源极其丰富的世界上最大的计算机网络。

7.2.1 IP 地址和域名

1）IP 地址

为了使信息能够准确到达因特网上指定的目的计算机，必须给因特网上的每个设备（主机、路由器等）指定一个全局唯一的地址，IP 地址就是因特网中使用的互联层地址标识。目前因特网广泛使用的地址是 IPv4 地址。

IPv4 地址用 32 比特（即 4 个字节）表示，为了便于管理和配置，将每个 IP 地址分为四段（一个字节为一段），每一段用一个十进制数来表示，段和段之间用圆点隔开，这就是点分十进制表示法。可见，每个段的十进制数范围是 0～255。

一个 IP 地址由两部分组成：网络标识和主机标识。网络标识用来标识一个主机所属的网络，主机识别用来识别处于该网络中的一台主机。IP 地址由各级因特网管理组织进行分配，被分为不同的类别。根据 IP 地址的第一段，可以将 IP 地址分为 5 类：0～127 为 A 类地址，网络标识 8 比特，主机标识 24 比特；128～191 为 B 类地址，网络标识 16 比特，主机标识 16 比特；192～223 为 C 类地址，网络标识 24 比特，主机标识 8 比特；D 类预留为组播地址；E 类留作特殊用途。但是，随着接入因特网的设备数量越来越多，IP 地址逐渐匮乏，传统的基于分类的 IP 地址浪费过于严重，因此，又出现了无类别域间路由技术，IP 地址仅分为网络前缀和主机标识两部分，而不再进行分类，网络前缀部分不再是定长，而可以是任意长度。

2) 域名

域名的实质就是用一组由字符组成的名字代替 IP 地址。这是因为数字形式的 IP 地址更适用于计算机处理,但是对于用户来说,记忆一组毫无意义的数字是相当困难的,人们更擅长记忆带有含义的字符串。为此,TCP/IP 引进了一种字符型的主机命名制,即域名。为了避免重名,域名采用层次结构。各层次的子域名之间用圆点隔开,从右至左分别是顶级域名、二级域名…直至主机名。

国际上,顶级域名采用通用的标准代码,分组织机构和地理模式两类。由于因特网诞生在美国,所以其顶级域名采用组织机构域名,而在美国以外的其他国家和地区都采用主机所在地的名称作为顶级域名,例如 CN(中国)、JP(日本)、KR(韩国)、UK(英国)等。

我国的顶级域名是 CN,顶级域名之下设置类别域名和行政区域名。

3) 域名系统 DNS

域名和 IP 地址都是表示主机的地址,本质上是同一事物的不同表示。用户可以使用主机的 IP 地址,也可以使用域名。当使用域名访问网络上某个资源地址时,必须获得与这个域名相匹配的 IP 地址,从域名到 IP 地址的转换由域名解析服务器完成。用户将希望转换的域名放在一个 DNS 请求信息中,并将这个请求发送给 DNS 服务器。DNS 从请求中取出域名,将它转换为对应的 IP 地址,然后在一个应答信息中将结果地址返回给用户。

7.2.2 因特网接入方法

目前常用的因特网接入方式有电话拨号连接、ADSL 连接、局域网连接、无线连接等方式。

1) 电话拨号

电话拨号是个人用户最早接入因特网的方式之一。电话拨号方式只需要依托普通的电话线路和一台调制解调器,使用简单。但是电话拨号接入因特网的最高速度一般只有 56 Kb/s,这样的速度很难满足高速网络服务的需求。

2) ADSL

ADSL 是非对称数字用户线,是电话拨号接入因特网的主流技术,同样利用公共电话线作为长距离的传输介质,接入带宽从 512 Kb/s 到 24 Mb/s 不等。ADSL 的非对称性体现在上、下行速率的不同,高速下行信道向用户传输视频、音频信息,上行信道速率一般较低。

3) 局域网

因特网服务提供商 ISP 还提供了一种通过局域网接入因特网的服务。ISP 提供一条宽带线路接入某机构的局域网中,通过该局域网网络设备的路由和交换,使计算机直接接入因特网,实现宽带接入,带宽可达 10/100 Mb/s。

4) 无线连接

无线接入方式不需要布线,因此为用户提供了很大的便捷,并且易于更改维护。常见的无线网络接入因特网的方式有两大类:

(1) 无线局域网 WLAN

无线局域网,也被称为 Wi-Fi,是一种使用 2.4 GHz 和 5 GHz 射频信号进行数据传输的技术。无线局域网需要一个无线接入点设备,即 AP。AP 类似于有线局域网中的交换机,是无线局域网的桥梁,通过 AP,局域网内的计算机或无线设备就可以接入因特网。

(2) 蜂窝网络 GPRS、3G、4G 和 5G

这种接入方式通常由移动网络运营商提供因特网接入服务,使用这种接入方式要使用移动网络运营商提供的 SIM 卡作为身份标识,并且以流量或者在线时长作为计费单位。

7.3 因特网的应用

因特网的内容十分丰富,已经成为人们获取信息的主要渠道。本节将介绍一些常见的因特网应用及使用技巧。

7.3.1 网页浏览

在因特网上浏览信息是因特网最普遍的应用之一,用户可以在因特网上搜索、获取感兴趣的信息。

1) 万维网简介

万维网(World Wide Web,WWW)是因特网上发展最迅速的一种服务,是建立在因特网上的全球性的、交互的、动态的、多平台、分布式超媒体系统。用户可以轻松地通过因特网从全世界任何地方的 Web 服务器上获取感兴趣的文本、图像、视频和声音等信息。

WWW 制定了一套标准的、易于被人们掌握的超文本标记语言 HTML、信息资源的统一定位格式 URL 和超文本传送通信协议 HTTP。WWW 遵循客户/服务器工作方式。服务器上存储着用 HTML 语言编写的 Web 文档,文档中包含超链接,可以方便地实现文档之间的跳转。利用安装在客户机上的浏览器软件,能够将 Web 文档以网页的方式显示在客户机的屏幕上。

(1) 统一资源定位符 URL

统一资源定位符(Uniform Resource Locator,URL)用于唯一标识网络中的每个文档,用于描述 Web 页面的地址和访问它所用的协议。

URL 的格式一般为:

<协议>://<IP 地址或域名>/<路径>/<文件名>

其中,协议标识服务方式或获取数据的方法常见的有 HTTP、FTP;协议后的冒号和双斜杠标识接下来是存放资源的主机的 IP 地址或域名;路径和文件名是用路径的形式表示 Web 页在主机中的具体位置。

(2) 超文本传送协议 HTTP

HTTP 协议(Hyper Text Transfer Protocol)是浏览器和服务器之间进行交互时必须遵守的数据格式和规则。HTTP 协议是一个应用层协议,使用 TCP 协议进行可靠数据传输,默认端口是 80。

(3) 超文本标记语言 HTML

超文本标记语言(Hyper Text Mark-up Language,HTML)是 WWW 的描述语言。

HTML 具有超链接,由这些超链接将若干文本组合起来构成超文本。超链接把分布在因特网不同主机上的信息形成有机的整体,实现快速浏览。

2) 使用 IE 浏览网页

浏览 Web 页面必须使用浏览器。Internet Explorer(IE)是微软公司出品的浏览器软件,当用户安装微软操作系统时,会被自动安装。本书以 Windows 10 操作系统下的 IE 11 为例,介绍浏览器的常用功能及操作方法。

(1) IE 的启动与关闭

① IE 的启动

开启 IE 浏览器一般有两种方法:

a. 使用"开始"菜单。点击"开始"菜单,然后在"所有程序"中找到 Internet Explorer,单击打开 IE 浏览器。

b. 使用快捷方式。点击桌面上或者是任务栏上的 IE 快捷方式图标,可以直接打开 IE 浏览器。

② IE 的关闭

关闭 IE 浏览器的方式通常有四种:

a. 单击窗口右上角的"关闭"按钮×。

b. 在任务栏中的 IE 图标上点击右键,在弹出的菜单中单击"关闭窗口"按钮。

c. 使用组合快捷键"Alt+F4"。

(2) IE 界面

启动 IE 后,就会出现浏览器的主界面。窗口内会打开一个选项卡,即默认主页,如图 7-2 所示。

图 7-2　IE 的窗口

IE 窗口的上方罗列了最常用的功能：

后退、前进按钮可以在浏览记录中后退与前进，使用户方便地返回以前访问过的页面。地址栏显示了当前访问页面的 URL。搜索栏内可以输入关键词进行搜索。选项卡显示了页面的名字，如图 7-2 中页面的标题是"百度一下，你就知道"。在窗口的最右侧有三个功能按钮，它们分别是"主页""收藏夹"和"设置"。

（3）页面浏览

浏览页面通常会进行如下操作：

① 输入 Web 地址

用鼠标单击地址栏，就可以在地址栏输入要访问的页面的 Web 地址了。IE 为地址输入提供了很多便利，如用户不需要输入像"http://"这样的协议开始部分，IE 会自动补上。此外，IE 具有记忆功能，用户第一次输入某个地址时，IE 会记忆这个地址，再次输入这个地址时，只需输入起始的几个字符，IE 会检查保存过的地址，并将符合输入的地址罗列出来供用户选择。

② 浏览页面

进入页面后即可浏览页面。网页上会有很多的链接，它们或者显现为不同的颜色，或者有下划线，或者是图片，最明显的标识是当光标移动到链接时会变成小手形状。单击一个链接就可以从一个页面跳转到另一个页面。在浏览时，可能需要返回前面曾经浏览过的页面，可以使用前面提到的"后退""前进"按钮来访问最近浏览过的页面。

• 单击"主页"按钮可以返回启动 IE 时默认显示的 Web 页面。

• 单击"后退"按钮可以返回到上次访问过的 Web 页面。

• 单击"前进"按钮可以返回单击"后退"按钮前看过的 Web 页面。

• 在单击"后退"和"前进"按钮时，可以长按鼠标不松手，会打开一个下拉列表，列出最近浏览过的几个页面，单击选定的页面，就可以直接跳转到该页面。

• 单击"停止"按钮，可以终止当前的链接继续下载页面文件。

• 单击"刷新"按钮，可以重新传送该页面的内容。

（4）页面保存

在浏览网页的过程中，经常会遇到一些有价值的页面需要保存下来，以便以后浏览或拷贝到其他地方。保存 Web 页面的操作如下：

第 1 步：打开要保存的 Web 页面。

第 2 步：按 Alt 键显示菜单栏，单击"文件"→"另存为"，打开"保存网页"对话框，或使用快捷键"Ctrl+S"。

第 3 步：选择页面要保存在本地的位置，输入保存页面的名称，并根据需要选择一种保存文件的类型。

第 4 步：单击"保存"按钮完成保存。

(5) 收藏夹的使用

在浏览网页的过程中,除了需要本地保存网页外,人们还希望能够将喜爱的网页地址保存下来,以便以后再次访问。IE 的收藏夹提供保存 Web 页面地址的功能。下面介绍如何将网页地址添加到收藏夹和整理收藏夹的步骤。

① 将 Web 页面添加到收藏夹

向收藏夹中添加 Web 地址有很多方法,这里仅介绍一种最常用的方法,步骤如下:

第 1 步:打开要收藏的 Web 页面。

第 2 步:点击 IE 上的"收藏夹"按钮,在弹出的面板中点击"添加到收藏夹"按钮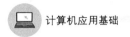。

第 3 步:弹出"添加收藏"对话框,可根据需要修改名称和位置,或者新建文件夹,如图 7-3 所示,然后点击"添加"按钮,完成添加。

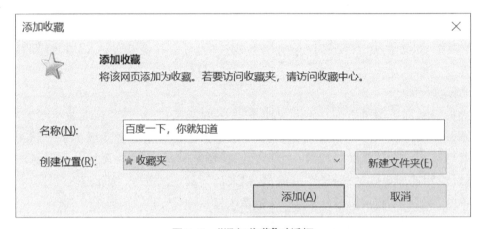

图 7-3 "添加收藏"对话框

② 使用收藏夹中的地址

点击 IE 界面上的"收藏夹"按钮,在打开的窗口中选中"收藏夹"选项卡。在收藏夹窗口中,选择所需的 Web 页面名称并点击,就可以转向相应的 Web 页面。

③ 整理收藏夹

当收藏夹中的网页地址越来越多时,为了便于查找和使用,就需要利用整理收藏夹功能进行整理,使收藏夹中的网页地址存放更有条理。在收藏夹选项卡中,在文件夹或 Web 页面上单击右键就可以选择复制、剪切、重命名、删除、新建文件夹等操作,还可以通过拖拽的方式移动文件夹和 Web 页的位置,从而改变收藏夹的组织结构。

7.3.2 电子邮件

电子邮件(Electronic mail,E-mail)是一种用电子手段提供信息交换的通信方式,是因特网应用最广的服务。通过电子邮件系统,用户可以用非常低廉的价格、非常快速的方式与世界上任何一个角落的网络用户发送文字、图像和声音等多种形式的信息。

1) 电子邮件概述

(1) 电子邮件地址

电子邮件服务与通过邮局邮寄信件类似，必须要指明收件人的地址。要使用电子邮件，必须要先拥有一个电子邮箱，每个电子邮箱应有一个唯一可识别的电子邮件地址。电子邮件的格式是固定的：

＜用户标识＞@＜主机域名＞

电子邮件地址是一串英文字母和特殊符号的组合，由"@"分成两部分，中间不可以有空格或逗号。用户标识是用户申请的账号，即用户名，主机域名是邮件服务器的域名，用来标识服务器在因特网中的位置。例如 xyz@126.com 就是一个电子邮件地址，它表示在 "126.com"邮件主机上有一个名为 xyz 的电子邮件用户。

(2) 电子邮件的格式

电子邮件通常由两个部分组成：信头和信体。信头相当于信封，信体相当于信件的内容。

信头一般包括如下几项内容：
- 收件人。收件人的 E-mail 地址。多个收件人地址之间用分号隔开。
- 抄送。表示同时可以接收到此信的其他收件人的 E-mail 地址。
- 主题。类似于标题，它概括描述邮件的主题，可以是一句话或一个词。

信体就是希望收件人看到的邮件正文，有时还会包含附件，比如照片、音频、视频、文档等。

(3) 申请邮箱

要想使用电子邮件进行通信，用户首先要拥有自己的邮箱。一般大型门户网站，如新浪（www.sina.com.cn）、搜狐（www.sohu.com）、网易（www.163.com）等都提供免费邮箱。可以到门户网站主页，找到邮件超链接，点击进入页面，通过"注册"链接进入免费注册邮箱的页面，然后按照要求填写个人信息，如用户名、密码等，就可以申请免费邮箱了。注册成功后，就可以通过用户名和密码登录此邮箱收发电子邮件了。

2) Outlook 的使用

除了通过 Web 页面访问电子邮箱之外，还可以使用电子邮件客户机软件进行邮件操作。下面以 Microsoft Outlook 2016 为例介绍电子邮件的使用。

(1) 启动 Outlook 2016 程序

启动 Outlook 一般有两种方式：
- 通过"开始"菜单。点击"开始"按钮，选择"程序"→"Outlook"，启动 Outlook 2016。
- 通过快捷方式。单击桌面上的 Outlook 快捷方式，可以快速启动 Outlook 2016。

(2) 创建 Outlook 用户

第 1 步：启动 Outlook 2016，出现如图 7-4 所示的登录界面。

第 2 步：如果你已经成功注册了一个邮箱，那么在输入文本框中输入邮箱账号，点击"连接"按钮。此时出现密码输入界面，如图 7-5 所示，输入登录密码后，点击"连接"按钮。

图 7-4 Outlook 登录界面

图 7-5 输入密码界面

账户添加成功后,会出现如图 7-6 所示界面,此时可以继续添加其他的电子邮箱地址,若无更多的邮箱需要添加,或打算以后再添加,则点击"已完成"按钮。之后即可进入 Outlook 2016 主界面。

图 7-6 账户添加完成界面

第 3 步：若后续需要添加新的电子邮件,可以点击界面上的"文件"菜单,调出如图 7-7 所示账户信息界面,在此界面下可以进行账户设置,以及添加新的账户。

图 7-7　Outlook 账户信息

（3）发送电子邮件

当账户信息设置好了之后,可以尝试发送电子邮件。具体操作步骤如下：

第 1 步：启动 Outlook 2016,选择"开始"选项卡,单击"新建电子邮件"按钮,如图 7-8 所示。

图 7-8　Outlook 开始选项卡

第 2 步：此时弹出如图 7-9 所示的新邮件窗口。在窗口中的"收件人"文本框中输入收件人的 E-mail 地址,在"主题"文本框中输入邮件主题,在邮件正文区中输入邮件的正文内容。

第 3 步：编辑完邮件后,点击"发送"按钮,即可发送邮件。

（4）接收电子邮件

选择"发送/接收"选项卡,如图 7-10 所示,在"发送/接收"组中单击"发送/接收所有文件夹"按钮。

如果用户有多个账号,则在单击"发送/接收所有文件夹"按钮之后,Outlook 会依次接收各个账号下的邮件。如果只想接收某一个账号下的邮件,可以选择"发送/接收"组中的"发送/接收组"按钮,然后在下拉菜单中选择相应的账号。

图 7-9　撰写新邮件窗口

图 7-10　Outlook 发送/接收选项卡

(5) 阅读电子邮件

单击"收件箱"文件夹,在收件箱列表中显示了接收到的邮件信息,包括邮件的发送者、发送时间和邮件主题。未打开过的新邮件标题以黑体字显示。点击邮件,右侧的预览窗口将会显示邮件内容,如图 7-11 所示。如果觉得预览窗口显示的内容不够直观,可以双击邮件主题,则打开一个新窗口显示邮件内容。

(6) 回复电子邮件

若用户需要对邮件进行回复,选中待回复的邮件后,可以选择"开始"选项卡,在"响应"组中单击"答复"按钮,在弹出的回复窗口中编辑回信,待编辑完成后,单击"发送"按钮,即可完成回复邮件。

(7) 转发电子邮件

若用户需要将收到的邮件转发给其他人,需要使用转发邮件功能。首先,选中待转发的邮件,然后,在"开始"选项卡"响应"组中单击"转发"按钮,在弹出的邮件编辑窗口中输入收件人的地址,点击"发送"按钮即可转发邮件。

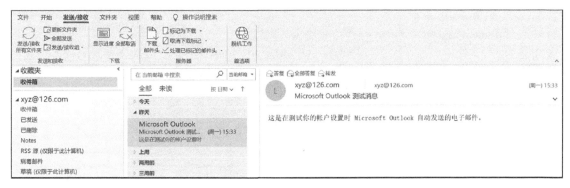

图 7-11　Outlook 收件箱

（8）插入与保存附件

用户在发送邮件时,有时会需要随邮件一起发送其他文件,如图片、音频、视频等。这时,可以将文件作为附件随邮件一起发送。在邮件中插入附件的步骤如下:

第 1 步:在"开始"选项卡的"新建"组中,单击"新建电子邮件"按钮。

第 2 步:在弹出的邮件编辑窗口中选择"邮件"选项卡,在"添加"组中点击"附加文件"按钮。

第 3 步:在弹出的对话框中选择需要插入的文件,然后点击"插入"按钮,即可完成附件的插入。

同样,用户收到的邮件中也可能会包含附件,用户可以将附件保存下来。首先,打开带有附件的邮件,然后在附件上点击鼠标右键,在弹出的快捷菜单中选择"另存为"命令,在弹出的对话框中指定保存路径,最后单击"保存"按钮,即可将邮件中的附件保存到指定的路径中。

（9）使用通讯簿

Outlook 提供了通讯簿功能,用户可以将经常联系的朋友的电子邮件地址保存在通讯簿中。发送邮件时只需要从通讯簿中选择地址,而不需要每次都手动输入。添加常用联系人到通讯簿中的步骤如下:

第 1 步:在"开始"选项卡的"查找"组中,点击"通讯簿"按钮,即可弹出"通讯簿:联系人"窗口,如图 7-12 所示。

第 2 步:在"文件"菜单中选择"添加新地址"选项,然后选择"新建联系人"选项,用户便可以在"联系人"窗口中输入联系人的信息,如图 7-13 所示。

第 3 步:联系人信息编辑结束后,点击"联系人"选项卡"动作"组中的"保存并关闭"按钮,即可保存联系人信息。

以后若要给通讯簿中的联系人发邮件,可以在新建邮件之后,在邮件编辑界面点击"邮件"选项卡中"姓名"组的"通讯簿"按钮,在弹出的通讯簿中选择要发送的收件人即可。

图 7-12 "通讯簿:联系人"窗口

图 7-13 编辑联系人界面

第 8 章

计算机安全

随着计算机的普及和计算机网络的广泛应用,如何保证各种数据信息的正确性和不被非法窃取,成为人们越来越关注的计算机安全问题。特别是在网络环境中,如何保证数据的安全,显得更加重要。

计算机安全就是防范和保护计算机系统及其信息资源,使其在生存过程中免受蓄意攻击、人为失误、自然灾害等引起的损失、扰乱和破坏。

8.1 计算机病毒

计算机病毒是一种恶意编制的、附着在文件中的、能够破坏计算机功能和毁坏数据的程序代码。计算机病毒实质上是一种特殊的计算机程序,这种程序执行后,计算机的外观表现会变得不正常,就像生了"病"一样,因此人们形象地称这种程序为"病毒"。

8.1.1 计算机病毒的特征及分类

计算机病毒一般具有寄生性、破坏性、传染性、潜伏性和隐蔽性的特征。

(1) 寄生性

计算机病毒是一种特殊的寄生程序,不是一个通常意义下的完整的计算机程序,而是寄生在其他可执行程序中,因此,它能享有被寄生的程序所能得到的一切权利。

(2) 破坏性

计算机病毒可以干扰计算机的正常工作,它可以破坏系统、删除或修改数据甚至格式化整个磁盘,从而给用户带来巨大的损失。

(3) 传染性

计算机病毒能够自我复制,并将病毒传染到其他文件,继而通过文件复制或通过网络传染到其他计算机。传染性是病毒的基本特征,判断一个程序是不是计算机病毒的最重要的因素就是看它是否具有传染性。

(4) 潜伏性

病毒程序通常很短小,寄生在别的程序上使其难以被发现。在外界激发条件出现之前,病毒可以在计算机内的程序中潜伏、传播。

(5) 隐蔽性

计算机病毒具有很强的隐蔽性。当运行受感染的程序时,病毒程序能首先获得计算机系统的监控权,进而能监视计算机的运行,并传染其他程序。但不到发作时机,整个计算机系统看上去一切正常,很难被察觉,其隐蔽性使得计算机用户对病毒失去应有的警惕性。

计算机病毒的分类方法有很多,按计算机病毒的感染方式,可以分为如下五类:

(1) 引导区型病毒

通过读取移动存储介质感染引导区型病毒，从而感染硬盘的主引导记录。当硬盘主引导记录感染病毒后，病毒就企图感染每个插入计算机的移动磁盘的引导区。这类病毒常常将其病毒程序替代主引导区的系统程序。引导区型病毒总是先于系统文件装入内存储器，获得控制权并进行传染和破坏。

(2) 文件型病毒

文件型病毒主要干扰可执行文件。病毒程序通常寄生在文件的首部或尾部，并修改程序的第一条指令。当染毒程序执行时，就先跳转去执行病毒程序，从而进行传染和破坏。这类病毒只有当带毒程序执行时才能进入内存，一旦符合激发条件，它就发作。

(3) 混合型病毒

这类病毒既传染磁盘的引导区，也传染可执行文件，兼有上述两类病毒的特点。混合型病毒综合了引导区型病毒和文件型病毒的特性。这种病毒通过两种方式来传染，更增加了病毒的传染性以及存活率。

(4) 宏病毒

宏病毒就是寄存在 Microsoft Office 文档或模板的宏中的病毒。它只感染 Microsoft Word 文档文件和模板文件，与操作系统没有特别的关联，能通过 E-mail 下载 Word 文档附件等途径蔓延。当对感染宏病毒的 Word 文档操作时它就会进行破坏和传播。Word 宏病毒破坏造成的结果是：不能正常打印、封闭或改变文件名称或存储路径、删除或随意复制文件、封闭有关菜单，最终导致无法正常编辑文件。

(5) Internet 病毒

Internet 病毒大多是通过 E-mail 传播的。"黑客"利用通信软件，通过网络非法进入他人的计算机系统，截取或篡改数据，危害信息安全。如果网络用户收到来历不明的 E-mail，不小心执行了附带的"黑客程序"，该用户运行操作系统时，"黑客程序"会驻留在内存，一旦计算机连入网络，外界的"黑客"就可以监控该计算机系统，导致"黑客"可以对该计算机"为所欲为"。

8.1.2 计算机病毒的防治

计算机病毒的防治分为"防"和"治"两部分，"防"包括病毒预防和病毒免疫，"治"包括病毒检测和病毒消除。

1) 计算机病毒的预防

我们无法完全保证计算机的安全，但是用户可以通过一些预防手段降低被病毒感染的机会。遵循以下做法，可以提高计算机的安全性，防患于未然：

(1) 安装有效的杀毒软件并根据实际需求进行安全设置。定期升级杀毒软件并经常全盘查毒、杀毒。

(2) 扫描系统漏洞，及时更新系统补丁。

(3) 未经检测过是否感染病毒的文件、光盘、U 盘及移动硬盘等移动存储设备在使用前应首先使用杀毒软件查毒后再使用。

(4) 分类管理数据,对各类数据、文档和程序应分类备份保存。
(5) 尽量使用具有查毒功能的电子邮箱,尽量不要打开陌生的可疑邮件。
(6) 浏览网页、下载文件时要选择正规的网站。
(7) 关注目前流行病毒的感染途径、发作形式及防范方法,做到预先防范,感染后及时查毒以避免遭受更大损失。
(8) 有效管理系统内建的 Administrator 账户、Guest 账户以及用户创建的账户,包括密码管理、权限管理等。
(9) 禁用远程功能,关闭不需要的服务。
(10) 修改 IE 浏览器中与安全相关的设置。

2) 计算机病毒的清除

在计算机被感染了病毒程序之后,用户可能并不会意识到计算机已经感染了病毒,直到有些症状体现出来,如:
- 机器不能正常启动;
- 运行速度降低;
- 磁盘文件数目无故增多;
- 磁盘空间迅速变小;
- 文件内容和长度有所改变;
- 经常出现死机现象;
- 外部设备工作异常;
- 文件的日期和时间被无缘无故地修改成新的日期时间;
- 显示器上经常出现一些莫名其妙的信息和异常现象;
- 在汉字库正常的情况下,无法调用和打印汉字或汉字库无故损坏。

计算机一旦染上了病毒,文件被破坏了,最好立即关闭系统,如果继续使用,会使更多的文件遭到破坏。对于已经感染病毒的计算机,应当采取一定的手段清除系统中的病毒,恢复系统的正常状态。常用的方法有以下几种:

(1) 使用防病毒软件清除病毒

用防病毒软件杀毒是当前比较流行的方法。此类软件都具有清除病毒并恢复原有文件的功能。杀毒后,被破坏的文件有可能恢复成正常的文件。一般来说,使用杀毒软件是能够清除病毒的,但考虑到病毒在正常模式下比较难以清理,所以需要重启计算机进入安全模式进行查杀。

(2) 重装系统并格式化硬盘

若遇到比较顽固的病毒,使用杀毒软件无法将其彻底清除,则需要重装操作系统并格式化硬盘。格式化会破坏硬盘上的所有数据,因此,在格式化之前必须先做好备份数据工作。

(3) 手工清除病毒

手工清除计算机病毒对技术要求高,需要熟悉机器指令和操作系统,难度比较大,一般只能由专业人员操作。

8.2 杀毒软件

8.2.1 Windows Defender 介绍

本节将以 Windows Defender 为例介绍杀毒软件。Windows Defender 是 Windows 内置的一款适用于个人计算机的杀毒软件(Windows 7 操作系统中这个程序仅能对付间谍软件,不具有病毒防护功能,而在 Windows 8 以后的操作系统中,集成了病毒防护功能,用户一般需要另外安装第三方防病毒软件)。当启动 Windows Defender 后,它会在后台自动运行。如果病毒在用户不知情的情况下安装或入侵计算机,Windows Defender 就会发出警报。警报包含警报等级和警报内容,警报等级可以帮助用户决定如何处理间谍软件和可能不需要的软件。Windows Defender 将警报等级定为 3 个等级:严重或高、中、低。

(1)严重或高。可能会搜集个人信息并对用户隐私产生负面影响或损害计算机的正常运行。

(2)中。可能影响用户隐私或对计算机体验产生负面影响。

(3)低。不必要的软件可能会搜集有关用户或计算机的信息,或更改计算机的正常运行方式,但该软件会在安装时显示许可条款。

用户根据警报等级选择以下操作进行处理:

(1)隔离。将软件移动到计算机的另一个位置,阻止该软件运行。

(2)删除。将软件从计算机上永久删除。

(3)允许。将软件添加到 Windows Defender 允许列表中,允许其在计算机上运行,并停止对该软件的警报。

8.2.2 启用/禁用 Windows Defender

启用 Windows Defender 只需按照如下步骤执行即可:

第 1 步:在"开始"菜单中点击"Windows Defender 安全中心",打开如图 8-1 所示界面。

图 8-1 Windows Defender 安全中心主界面

第 2 步：点击"病毒和威胁防护"按钮，打开如图 8-2 所示界面。

图 8-2　Windows Defender 病毒防护中心界面

第 3 步：点击"'病毒和威胁防护'设置"按钮，在弹出的如图 8-3 所示的设置界面中开启实时保护。

图 8-3　Windows Defender 病毒防护界面

若需要禁用 Windows Defender 功能,按照上述步骤,在图 8-3 所示的设置界面中取消实时保护即可。

8.2.3 病毒查杀

当计算机运行出现问题时,需要进行病毒查杀,只需在图 8-4 所示的 Windows Defender 病毒防护中心界面上点击"立即扫描"按钮即可启动病毒查杀,当然也可以点击"运行新的高级扫描"按钮,在弹出的界面中进行高级扫描设置,如图 8-4 所示。

图 8-4　高级扫描设置

8.3　防火墙

防火墙是指隔离在本地网络与外界网络之间的一种屏障,用来控制出入网络的信息流。它是一种用于增强机构内部网络安全性的系统,就像一道防护栏放置在被保护的内部网络和不安全的外部网络之间。根据预先定义的访问控制策略和安全防护策略,解析和过滤经过防火墙的数据流,实现向被保护的内部网络提供访问可控的服务请求。

Windows 操作系统从 Windows XP 开始就自带了 Internet 连接的防火墙,并且是默认启用的。本节以 Windows Defender 防火墙为例介绍防火墙软件。

第一次连接到某个网络时,系统会弹出一个界面,让用户选择网络位置。防火墙将根据网络位置为计算机设置不同的安全等级,将网络分为 3 种类型:家庭网络、工作网络、公用网络。需要根据实际所处的位置选择正确的网络。

• 如果选择家庭网络或者工作网络,Windows 将认为这个网络是专用网络。专用网络是可信任网络,Windows 防火墙针对专用网络的安全策略安全性较低,可以实现在局域网中共享文件、打印机、流媒体等功能。

• 如果选择公用网络,Windows 防火墙所配置的安全策略等级将会非常高,一部分网络服务可能被禁止。

8.3.1 启用/禁用 Windows Defender 防火墙

Windows 是默认开启防火墙的,但是有时候需要将 Windows Defender 防火墙关闭。如果用户需要启用或禁用防火墙,可以通过以下步骤实现:

第 1 步:打开"控制面板"→"系统和安全"→"Windows Defender 防火墙",进入 Windows Defender 防火墙设置界面,如图 8-5 所示。

图 8-5 Windows Defender 防火墙设置界面

第 2 步:点击左侧的"启用或关闭 Windows Defender 防火墙",进入每种类型网络的防火墙设置界面,如图 8-6 所示。可以根据需要对不同类型的网络启用或禁用防火墙,例如,可以在专用网络上关闭防火墙,在公用网络上启用防火墙。

8.3.2 "传入连接"设置

通常状态下,连接是由客户端程序主动发起的,由客户端主动发起的通信请求是不会被 Windows Defender 防火墙拦截的。"传入连接"是指部分程序为了实现所需功能,需要主动接收来自外界的数据包。很多程序的正常运行需要允许"传入连接",但是外部网络中的病毒、木马等潜在的网络攻击其运行方式同样是"传入连接",所以 Windows Defender 防火墙对未经许可的"传入连接"进行了限制。在 Windows Defender 防火墙中可以设置允许或禁止程序的"传入连接",步骤如下:

第 1 步:在图 8-5 所示的界面中点击左侧的"允许应用或功能通过 Windows Defender

图 8-6　每种类型网络的防火墙设置界面

防火墙"。

第 2 步：在弹出的如图 8-7 所示的界面中，根据专用网络或公用网络，勾选是否允许"传入连接"的程序通过 Windows Defender 防火墙。列表中不仅包含安装的程序，还包括一些操作系统自带的程序或功能，对于这些程序或功能不要随意修改，以免造成 Windows 系统的故障。

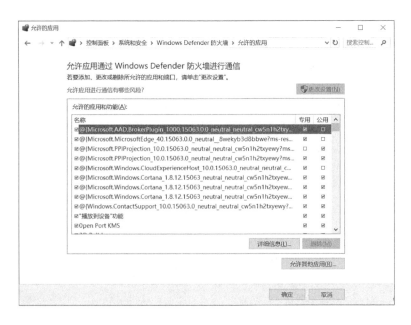

图 8-7　选择允许"传入连接"的程序

第 3 步：选中程序或功能，点击下方的"详细信息"按钮，打开程序详细信息的"编辑应用"对话框，如图 8-8 所示。在对话框中可以查看对应程序的名称和安装路径等信息。也可以点击"网络类型"按钮选择网络位置类型。

图 8-8　程序详细信息

8.3.3　高级安全 Windows Defender 防火墙

在图 8-5 所示的界面中点击"高级设置"，可以打开如图 8-9 所示的"高级安全 Windows Defender 防火墙"窗口。

图 8-9　"高级安全 Windows Defender 防火墙"窗口

在"高级安全 Windows Defender 防火墙"窗口右侧的"操作"窗格中点击"属性"，可以打开"本地计算机上的高级安全 Windows Defender 防火墙属性"对话框，如图 8-10 所示，在此对话框中可以对高级安全 Windows Defender 防火墙做一些简单的配置。可以对不同网络类型的配置文件进行设置，包括域配置文件、专用配置文件、公用配置文件等。"域配置文件"是将计算机连接到其企业域时执行的防火墙配置文件。"专用配置文件"是将计算机连接到家庭、工作区时执行的防火墙配置文件。"公用配置文件"是将计算机连接到公共区域时执行的防火墙配置文件。这三个配置文件的选项卡的内容都是相同的。

"防火墙状态"部分可以决定是否在该配置文件下启用高级安全 Windows Defender 防火墙,点击"自定义"按钮可以选择该配置文件保护的网络连接类型,网络连接通常包括本地连接、无线连接等。点击"日志"部分的"自定义"按钮,可以对防火墙记录事件的方式、日志文件大小以及日志文件位置等信息进行设置。同时,可以在"入站连接"和"出站连接"下拉列表中选择对不同类型的连接方式采取怎样的措施,可以选择的措施包括:

（1）阻止（默认值）。阻止所有不符合规则的连接。

（2）阻止所有连接。阻止所有连接,包括此前规则允许的连接。

（3）允许。除了规则明确阻止的联机外,其余连接全部允许。

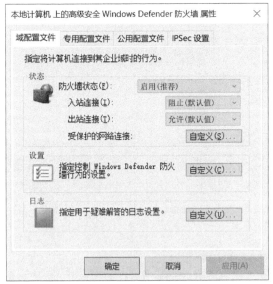

图 8-10 "本地计算机上的高级安全 Windows Defender 防火墙属性"对话框

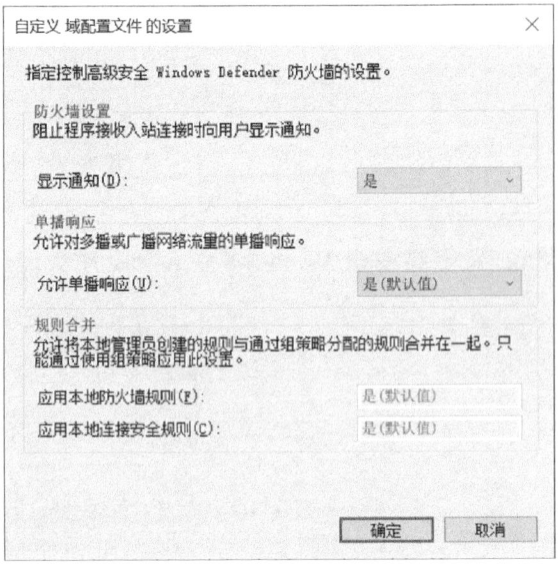

图 8-11 "自定义域配置文件的设置"对话框

点击"设置"栏中的"自定义"按钮可以打开自定义配置文件设置的对话框,如图 8-11。设置选项如下:

（1）程序被阻止时的显示通知。该选项使高级安全 Windows Defender 防火墙在某个程序被阻止接收入站连接时向用户发送显示通知。

（2）多播或广播请求的单播响应。决定是否允许接收来自其他计算机的单播响应。

（3）规则合并。如果除了组策略设定的防火墙规则之外,还允许本机用户在本机上创建和应用本地防火墙规则,就可以将这两个规则进行合并。

参 考 文 献

[1] 张超,王剑云,陈宗民,等.计算机应用基础[M].3版.北京:清华大学出版社,2018.
[2] 刘瑞新,江国学.计算机应用基础(Windows7+Office2010)[M].北京:机械工业出版社,2016.
[3] 翟萍,王贺明.大学计算机基础[M].5版.北京:清华大学出版社,2018.
[4] 杨桦,肖祥林.计算机基础知识及基本操作技能[M].2版.成都:西南交通大学出版社,2014.